电子信息类专业
课程设计教程和典型案例
——基于TouchGFX的智能硬件可视化设计

DIANZI XINXI LEI ZHUANYE KECHENG SHEJI JIAOCHENG HE DIANXING ANLI
——JIYU TouchGFX DE ZHINENG YINGJIAN KESHIHUA SHEJI

严学文 高 伟 任凯利 张稳稳 编

U0151788

西安交通大学出版社
XI'AN JIAOTONG UNIVERSITY PRESS

图书在版编目(CIP)数据

电子信息类专业课程设计教程和典型案例：基于 TouchGFX 的智能硬件可视化设计/严学文等编.—西安：西安交通大学出版社,2022.9(2024.5 重印)
ISBN 978 - 7 - 5693 - 2616 - 1

Ⅰ.①电… Ⅱ.①严… Ⅲ.①人机界面-程序设计-高等学校-教材 Ⅳ.①TP311.1

中国版本图书馆 CIP 数据核字(2022)第 082418 号

书　　名	电子信息类专业课程设计教程和典型案例：基于 TouchGFX 的智能硬件可视化设计	
编　　者	严学文　高　伟　任凯利　张稳稳	
项目策划	刘雅洁　杨　璠	
责任编辑	刘雅洁	
责任校对	李　文	
出版发行	西安交通大学出版社	
	(西安市兴庆南路 1 号　邮政编码 710048)	
网　　址	http://www.xjtupress.com	
电　　话	(029)82668357　82667874(市场营销中心)	
	(029)82668315(总编办)	
传　　真	(029)82668280	
印　　刷	西安日报社印务中心	
开　　本	787mm×1092mm　1/16　　**印张** 14　　**字数** 350 千字	
版次印次	2022 年 9 月第 1 版　　2024 年 5 月第 3 次印刷	
书　　号	ISBN 978 - 7 - 5693 - 2616 - 1	
定　　价	45.00 元	

如发现印装质量问题,请与本社市场营销中心联系。
订购热线:(029)82665248　(029)82667874
投稿热线:(029)82664954
读者信箱:85780210@qq.com

前　言

随着 5G 应用的不断深入,人类进入了万物互联的时代,对嵌入式设备的人机交互提出更多的互动需求,比如界面美观、一目了然、交互友好、符合用户习惯等。无论是消费类、家电类还是 IoT 类,越来越多的产品需要更友好的人机交互体验。

2018 年,华为"GT"电话手表采用 STM32L4＋TouchGFX 开发,既利用了单片机的低功耗,人机交互界面也趋向于智能手机的风格。

2020 年秋,西安邮电大学严学文教学团队和意法半导体公司合作,开始建设教育部产学合作协同育人项目——基于 TouchGFX 的嵌入式课程设计体系改革(智能硬件方向)。

团队对"专业课程设计"内容进行改革,在国内率先采用 STM32＋TouchGFX 可视化设计软件,结合 C 和 C＋＋语言进行硬件类课程设计教学,并在西安邮电大学光电信息工程专业试点实施,取得良好的教学效果。

为总结该课程的教学改革经验,现对实验指导讲义进行修订,形成本书,以供广大高校师生、电子设计爱好者参考。

1.本书内容

本书上册前 5 章以程序开发的基础知识和壁球、打地鼠、贪吃蛇游戏为例,介绍基于 TouchGFX 的人机交互界面的基本开发方法。这部分内容以 STM32F469I－DISCO 开发板为平台,基本上不涉及硬件知识。

第 6～10 章以简易数据采集记录仪、简易信号源、简易光功率计、激光光源等项目开发为例,学生可通过这些项目,掌握人机交互界面和单片机的 GPIO、ADC、DAC 等资源联合开发方法。这部分内容仍然以 STM32F469I－DISCO 开发板为主要平台,增加模拟电路、电源、壳体和机械结构设计,组成一个完整的硬件产品。每一个实验项目在市场上都有对应的工业成品,同学们可以将自己设计开发的产品与工业成品从多方面进行比对分析,持续改进。

第 11～12 章,介绍了基于 TouchGFX 的音频播放器的设计方案,结合 STM32F4 官方固件中的 BSP 驱动程序和部分例程,移植音频芯片、SD 卡的驱动程序,实现人机界面与底层硬件的结合开发。在此基础上,学生可以扩展 U 盘、以太网、视频、Wi-Fi 等应用,了解和掌握多种消费电子产品的开发方法。

以本书为基础,读者可以设计基于 STM32 单片机和 TouchGFX 的典型消费电子产品,例如数码相机、电话手表、MP3、MP4、手环、智能家电等,以便深入学习。

2.本书写作目的

(1)为电子信息类专业学生提供多种与时俱进的硬件课设教学案例。

作者发现,目前本校电子信息、光电、仪表等专业开设的仪器仪表、智能硬件类课程设计和毕业设计教学案例资源比较少。

部分课程设计由于案例缺乏,并受任课教师的经验所限,大多数同学都做同一个课题,互相参考在所难免,导致部分作品雷同,达不到培养学生独立自主解决工程问题能力的目的。

部分课设题目缺乏规范的教材、实验指导书,以及配套的视频教学资料,题目的可复制和可推广性不足,部分优质教学案例和教学经验无法传承;部分新教师由于工程经验不足,对课程设计教学过程、难度与深度难以把控,导致教学效果不佳。

部分课程设计题目技术方案陈旧,与工程实际脱节。本校部分课设题目采用老旧的MCS-51、MSP430、STM32F1等硬件平台,开发方式上采用面向过程的设计方式,用C语言设计人机交互界面,程序比较复杂,界面呆板,作品基本没有封装,机械结构设计和人机交互界面与实际商品差距大,开发方式与工业界脱节,对学生基础和经验要求较高,学习难度大,学生不易上手。

部分课程设计题目采用ARM+Linux的开发套件,在操作系统支持下,采用QT等开发工具和C++语言编写仪器仪表程序。这种方法虽然可以与工业界接轨,深度和可扩展性比较好,但是由于电子信息类专业本科学生基本上没有操作系统开发基础,对底层驱动的理解和应用也比较吃力,可推广性不足。

(2)降低开发难度,提高教学案例的可扩展性和可推广性。

针对电子信息类专业学生学习基础情况,为降低开发难度,本团队在国内首创采用TouchGFX的可视化开发方式,所见即所得,在硬件平台选型上以STM32G0/F4/F7为主,应用C和C++语言联合编程,开发了小游戏、便携式信号源、示波器、光功率计、激光光源、浊度仪、音频播放器等多种硬件教学案例。书中给出了每个课题基础实验内容部分的详细讲解,对照教学视频、电路图、物料清单和源代码,学生可以进行复制,熟练掌握开发方法,轻松上手。教师以结果为导向,从性能、外观等方面进行验收。本书每章末尾部分都提出了作业要求,留给学生自主实现。

作者将教学资料、视频、部分学生作品都发布在自媒体平台,每一届学生可以在原有基础上持续改进,可推广性大大提高。

(3)扩展案例的深度,增加硬件机械结构、壳体、面板设计部分,提升学生的工程实践能力。

在教学方式上,学生可通过全手工DIY设计多种硬件作品,内容含硬件电路设计、人机界面开发、机械设计(壳体选型开孔等)、焊接组装测试等全套硬件项目开发实战训练,部分作品可以从成本、性能、外观等多方面与实际工业成品进行比对分析,以结果为导向,持续改进,可更好地提升学生工程实践能力。

3.本书的有益效果

基于STM32单片机和TouchGFX的可视化开发方式,比起原有的MCS-51、MSP430平台和面向过程的开发方式,作品人机界面更加美观、流畅、炫酷,开发方式更加高效,所见即所得,可大大降低上手难度,提高开发效率,激发开发兴趣,开发方式与当前工业界接轨。

通过完整的小游戏、信号源、数据采集仪、光功率计、光源、音频播放器等多个案例设计,涵盖基于触摸屏的人机交互程序开发、信号调理电路设计、壳体选型、机械机构设计、校准调试等全套工程设计内容,有效提高学生综合运用高级程序语言、单片机和嵌入式系统、模拟电路、传感与检测的相关知识的能力,有效提高学生工程实践能力,作品的综合性、可扩展性、解决方案的多样性大幅度提高。

本课程经过西安邮电大学电子工程学院试用,教学效果基本令人满意,部分教学视频和学生作品,已发布在了哔哩哔哩网站等自媒体平台,以供广大师生批评指正,感兴趣的读者可以在哔哩哔哩网站搜索"西邮""专业课程设计"等关键字进行查看。

2021 年,作者以本书第 8 章内容"基于 TouchGFX 的光功率计设计",参加了 2021 年第一届全国高校电子信息类专业课程实验教学案例设计竞赛,获得全国一等奖。

4.本书对前期基础知识的要求

本书适合电子信息类专业高年级学生使用,前期一般要求有高级程序语言、模拟电路、微机原理或单片机的相关基础。

本书前期所需的基础知识主要包括:C 语言程序设计、STM32 单片机的 GPIO、定时器、ADC、中断的概念,以及基于 HAL 的开发方式。另外,TouchGFX 基于 freeRTOS、C++语言来实现,读者可以提前了解。

前期基础知识可参考电子科技大学漆强老师的教材《嵌入式系统设计:基于STM32CubeMX 与 HAL 库》(高等教育出版社,2022),或者大连理工大学李胜铭老师的嵌入式系统相关课程,在中国大学慕课平台或意法半导体 STMicroelectronics 公司官网上可以找到相关资源。

但是,作者认为硬件开发技术的学习,没有必要将所有理论知识都掌握之后,才能开始做项目,而应该以结果为导向,在确定工程目标的前提下,了解到需要补足哪一块的短板,再有针对性地去学习。

作者始终认为,硬件设计教学应以目标为导向,让学生从模仿现成案例达到基本效果,然后稍加修改实现功能,最后到创新性发挥,实现产品功能。这是高效率硬件教学的三部曲,可以使学生迅速获得成就感,提升兴趣,发挥主观能动性,通过项目开发方式快速、深入地掌握知识,提升开发能力。

5.本书面向对象和使用方法

本书面向对象为电子信息类专业大三、大四学生,前期已掌握"模拟电路""高级程序语言C""微机原理与嵌入式系统"部分课程知识,特别是对 ST 公司的 STM32 单片机及 HAL 开发方式有一定的了解。

本书可以作为电子信息类专业课程设计教材选用,也可以作为光电系统设计、电子系统设计、相关专业课程设计、毕业设计参考使用,还可以作为研究生电子系统实验教材,每个实验教学案例教学时间 32～56 学时。

本书分"壁球""贪吃蛇""打地鼠""数据采集仪""信号源""光功率计""光源""音频播放器"八个项目开发案例,学生两人一组,选择不同案例,可以有效培养学生独立自主解决实际工程问题的能力。

课程设计开始之前,学生可以通过自媒体平台查看每个项目的优秀学生作品,了解课题方案,选择合适的题目,教师根据学生选题情况,按照本书的器件清单进行采购。

每一个案例分为基本实验要求和作业要求。

以 52 学时专业课程设计为例,学生可以花 8 学时左右学习前 2 章内容,打好基础。第3～12章,学生以 2 人为一组,在"壁球""贪吃蛇""数据采集仪""信号源""光功率计""光源""音频播放器"中选择一个题目完成,含软件开发、电路设计、壳体选型封装、测试,时间大概为 36～48 学时,由教师自己把握。

对于 32 学时的课程设计,教师可以根据教学计划和学生基础,酌情降低题目作业要求。

本书配套视频、部分源代码、材料清单、原理图和 PCB 电路图等资料,随书发布,并在网上陆续升级更新。部分作业的参考答案、电路图、器件清单、设计报告等,如果教师需要,可以通过电子邮件联系本书作者。

本书的出版得到 2020 年教育部产学合作协同育人项目(意法半导体公司)"基于 TouchG-FX 的嵌入式课程设计体系改革(智能硬件方向)"的支持。在教改过程中,意法半导体公司提供了开发套件,在此特别感谢该公司丁晓磊、韩雪等不遗余力的支持。西安邮电大学电子工程学院华紫妍、程辰、白圆圆、赵林、赵雨晨、陈厚飞、胡娟、张琛等同学对于本书的实验设计和验证,也做出了积极的贡献,在此一并感谢。

本书第 1 章~第 6 章作者为严学文,约 15 万字;第 7 章~第 8 章作者为高伟,约 6 万字;第 9 章~第 12 章作者为任凯利,约 14 万字。张稳稳负责全书统稿、校对及部分电路和程序的设计。

由于作者水平有限,时间仓促,疏漏误之处在所难免,恳请读者批评指正,联系邮箱:yanxuewen@xupt.edu.cn。

目　录

第1章 开发工具介绍

1.1 STM32F469I-DISCO 硬件开发平台简介

本书所用的主要硬件开发平台为 STM32F469I-DISCO 开发板,该开发板是意法半导体(以下简称 ST)公司的官方开发套件,其 Arduino 接口支持多种扩展功能,可选择专业附加板,实例程序和相关文档可以在 STM32Cube_F4 固件开发包找到,开发板可从 ST 公司的网上销售渠道购买,原理图、印制电路板(printed-circuit board,PCB)电路图、器件清单等设计源文件(文档编号为"MB1189"),可以在 ST 公司官方网站下载。

STM32F469 号称是全球第一款集成了 MIPI-DSI 控制器的微控制单元(microcontroller unit,MCU),使用 90 nm 制程,在 180 MHz 频率下进行 CoreMark 测试可达到 608 分的水平,最高 2 MB 内存 flash 及 384 KB 静态随机存储器(static rardom access memory,SRAM),能支持大多数物联网设备及可穿戴应用。

外部存储方面,STM32F469I-DISCO 开发板集成 128 Mb 的 QSPI flash 及 128 Mb 的同步动态随机存储器(synchronous dynamic random access,SDRAM),二者均使用美光的存储半导体介质。外部 NOR flash 的型号为 N25Q128A13EF840E,通过 QSPI 接口与 MCU 相连,大容量外部 NOR flash 大大缓解了内部 flash 不足的问题,开发者可以将一些图片、字库等比较占存储空间的外部资源,存储到 NOR flash 中,而 QSPI 接口能够提供高速带宽,消除读写瓶颈问题。另一个存储器是 SDRAM,采用容量为 128 Mb 的 MT48LC4M32B2B5-6A 芯片,同样也是美光的产品。SDRAM 与 MCU 的 FMC(FPGA mezzanine card,FPDG 夹层卡)接口相连,数据宽度是 32 位,该 SDRAM 由 4 个存储体组成,通过地址线的 A15 及 A14 来选择。

作为全球首款内置 MIPI-DSI 控制器的微处理器,STM32F469 借助 ST 公司的 CHROM-ART 加速技术,有望将智能手机的图形用户面(graphical user interface,GUI)效果引入日常应用中。STM32F469 还内置 FMC 控制器、QSPI、以太网 MAC、SDMMC、USB 及摄像头接口,在消费电子、工业及医疗领域也有广泛应用。

1.2 软件开发环境介绍

本书主要使用的软件有 STM32CubeMX、TouchGFX、MDK5。另外,如果读者有仿真需要,可安装 VS.net 2019 软件。

1. STM32CubeMX 介绍

本书用到的可视化集成开发环境为 STM32CubeMX6.40，可以在 ST 公司官网 www.st.com 下载最新版本。

STM32Cube 是一个全面的软件平台，包括 ST 每个系列的产品，如 STM32Cube_F4 是针对 STM32F4 系列。平台包括了 STM32Cube 硬件抽象层（hardware abstraction layer，HAL）和一套中间组件如实时操作系统（real time operating system，RTOS），通用串行总线（universal serial bus，USB），文件系统（file system，FS），传输控制协议（transmission control protocol，TCP）等。

STM32CubeMX 由 ST 公司原创倡议，旨在减少开发负担、时间和费用，为开发者提供轻松的开发体验。STM32Cube 覆盖 STM32 全系列，其中 STM32CubeMX 是上位机配置软件，可以根据使用者的选择生成底层初始化代码。HAL 是 CubeMX 配套的库，HAL 库屏蔽了复杂的硬件寄存器操作，统一了外设的接口函数（包含通用串行总线、以太网等复杂外设），代码结构强壮，已通过 CodeSonar 检测。

同时，HAL 还集成了广泛的例程，可以运行在不同的开发板上。STM32Cube 平台还包含人工智能模型转化函数库"X-CUBE-AI"以及第三方触摸屏图形化交互操作的模块 TouchGFX 等，功能十分强大。

2. TouchGFX 介绍

本书使用 TouchGFX 4.18.1 实现图形用户界面（graphical user interface，GUI）设计，该软件可以在 ST 公司官网 www.st.com 下载最新版本。

在单片机上实现图形界面，最简单的方法是使用串口屏，但是在体积有限的手持机应用中，串口屏显得有点笨重了，而且电路板往往不能适应需求，订做串口屏成本又太高，这就需要使用 GUI 框架来完成图形界面。单片机领域的 GUI 框架有：UCGUI(STemWin/emWin)、TouchGFX、GuiLite、LittleVGL 等。

emWin 提供的更多是一些较底层的函数（如画线、画圆），而且不能拖动控件，做出来的界面更接近像素时代的产物。在 emWin 的开发中，要想显示图片，需要把图片转成 BMP 格式，再用 BmpCvt 转成数组，最后才用 emWin 的函数去调用这个数组，这是比较麻烦的。

ST 在 2018 年收购图形化软件工具公司 TouchGFX，将 TouchGFX 方案与 CubeMX 进行整合，使之成为 X-Cube-TouchGFX，基于 C/C++ 面向对象编写，成为完整的可视化软硬件 GUI 开发方案。针对 STM32MCU，从更多功能、更好的渲染效果、更加易用、更低成本、更低功耗等方面不断升级，支持市场需求。如图 1-1 所示，TouchGFX 可用于电话手表、心电监护仪等各种仪器仪表的开发。

ST 通过提供 STM32 GUI 平台化的方案，帮助工程师快速开发出界面美观、交互友好的嵌入式产品，提升用户体验和产品竞争力。

华为 2018 年出品的 HUAWEI WATCH GT 电话手表，就是采用 TouchGFX 开发实现，其最大的优点是，在超低功耗的条件下，实现高端炫酷图形和流畅的动画设计，进一步让 MCU 在 GUI 领域得到市场认可，是仪器仪表和智能硬件的发展方向之一。

TouchGFX 基于 C/C++ 面向对象编写，并基于 PC 端 TouchGFX Designer 拖拽控件绘制图形，所见即所得，非常便于用户的开发，成为可视化的软硬件 GUI 开发方案。软件详细的

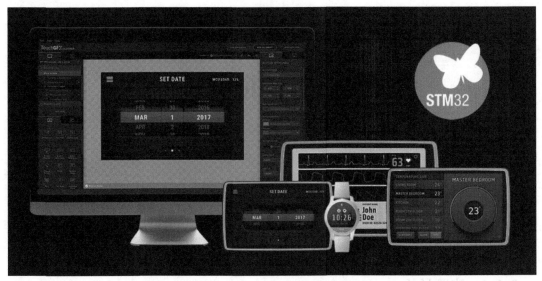

图 1-1　TouchGFX 开发方式图

使用说明,请参考其官方开发文档 *TouchGFX-documentation*。

3. MDK5 简介

本书所用底层编译工具为 MDK 5.28,软件可以在 Keil 公司官方网站 www.keil.com 下载最新版本。MDK 源自凯尔电子有限公司(Keil Elektronik GmbH),是 RealView MDK 的简称。该版本使用 μVision5 集成开发环境,是目前针对 ARM 处理器,尤其是 Cortex M 内核处理器的比较流行的开发工具。

4. VS 简介

VS 是 Microsoft Visual Studio 的简称,VS 是美国微软公司的开发工具包系列产品。VS是一个基本完整的开发工具集,包括了整个软件生命周期中所需要的大部分工具,如统一建模语言(urified modeling language,UML)工具、代码管控工具、集成开发环境(intergrated development enviroment,IDE)等。目标代码适用于微软支持的所有平台,包括 Microsoft Windows、Windows Mobile、Windows CE、.NET Framework、.NET CompactFramework、Microsoft Silverlight 及 Windows Phone。

VS 是目前流行的 Windows 平台应用程序的集成开发环境,最新版本为基于.NET Framework 4.7 的 Visual Studio 2022。

由于本书所用的图形界面设计采用 C 和 C++ 联合编程,图形界面效果可采用 VS 进行编译仿真,读者在没有开发套件的情况下,可通过 PC 机仿真查看程序效果。如果没有仿真的需求,也可以不安装该软件,仅采用 STM32CubeMX +TouchGFX +MDK5 进行项目开发。

5. 其他工具

读者还需下载安装 STM32 ST-LINK Utility 或 STM32CubeProgrammer 工具,用于程序下载,这两个工具均可在 ST 官网上下载到最新版本。

第 2 章 "Hello World!"

2.1 实验目的和实验内容

2.1.1 实验目的

通过本章学习,体验使用 TouchGFX 进行可视化设计流程,掌握使用 MDK 软件编写交互响应函数的设计方法,体验嵌入式 C 和 C++联合编程方式。

2.1.2 实验内容

使用 STM32F469I-DISCO 开发板,通过 TouchGFX+STM32CubeMX+MDK 软件,了解人机交互界面设计方法。本章基本实验内容 4 学时,完成作业预计 4 学时。

基本实验要求:

(1)第一个界面"Hello World!"设计。

(2)单屏幕触摸按键人机交互程序设计。

(3)多屏幕人机交互程序设计。

(4)学习 TouchGFX 自带 Demo 和 Examples。

2.2 TouchGFX 入门及体验

2.2.1 "Hello World!"设计

1.新建工程

打开 TouchGFX 4.18.1,点击"Create New"新建工程,如图 2-1 所示。

选择应用模板"STM32F469I Discovery Kit",这是本章使用的开发板型号,修改工程名和工程路径(注意工程路径和工程名中不要有中文和空格),然后点击右下角的"Create"。如图 2-2所示。

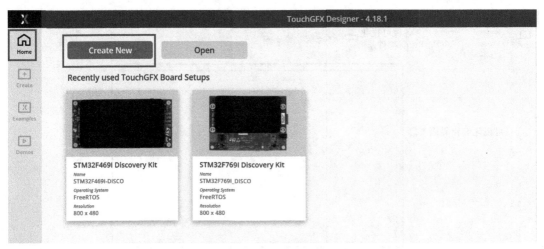

图 2-1 新建工程

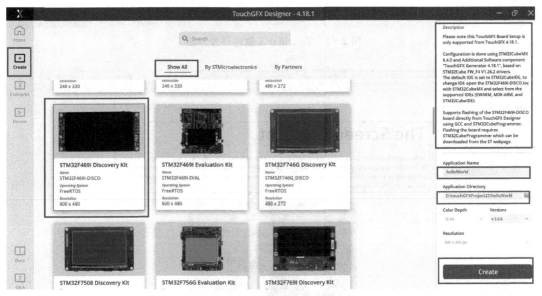

图 2-2 开发板选型

选中该开发板后,可以在右侧找到模板说明,该模板仅支持 TouchGFX 4.18.1,对应的 CubeMX 版本为 6.4.0,固件驱动版本为"STM32Cube_FW_F4_V1.26.2",请读者提前安装,注意安装路径中不要有空格或中文。

注意,第一次使用时,软件将自动从 TouchGFX 官网下载本项目需要用到的应用模板和 GUI 模板。网速不佳时,会下载失败。如果提示失败,再次尝试,直到成功。创建工程完成,软件开发界面如图 2-3 所示。

在图 2-3 中,"Screen1"是自动生成的 UI 界面屏幕名称。在属性栏可以看到其属性,读者可以勾选"属性"下面的方框,查看 UI 界面屏幕的在线说明文档,如图 2-4 所示,了解"Screen"的概念,这是重要的学习方法。

基于触摸屏的人机交互程序,一般由多个程序界面组成,每个界面可以添加不同的控件。

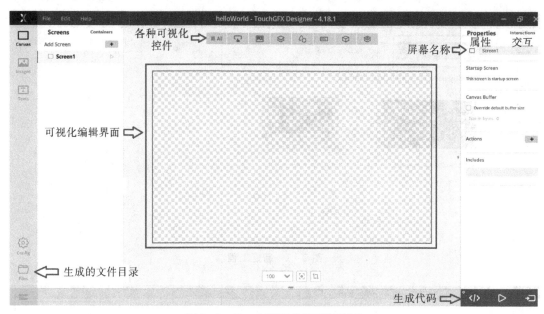

图 2-3　TouchGFX 软件开发界面

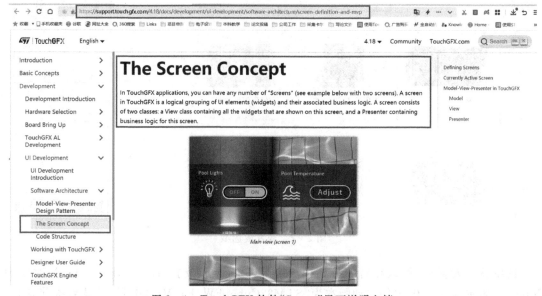

图 2-4　TouchGFX 软件"Screen"界面说明文档

TouchGFX 编辑界面里有多种类别的控件，例如按键类"Buttons"、图片类"Images"、容器类"Containers"、形状类"Shapes"、进度指示类"Progress Indicators"、混合类"Miscellaneous"。

移动点击鼠标相关控件类别，可以找到该类别下面各种不同控件，通过"拖拽"方式加入各种控件实现复杂功能，可以完成人机界面可视化开发，如图 2-5 所示。

读者可以逐一查看各种控件，特别是本章要用到的"Buttons"按键类控件、"textAera"文本显示框控件等，通过在线文档查看其功能和使用方法。

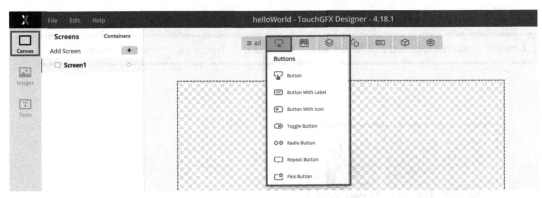

图 2-5 "Buttons"按键类控件

2. 添加背景图片

首先点击软件界面左下角的"Files",可以查看本项目生成的文件目录,以及 TouchGFX 工程名,如图 2-6 所示。

图 2-6 生成的 TouchGFX 工程路径

将工程所用到的背景图片放到工程路径"assets"文件夹里面的"images"指定文件夹。注意本开发板最大支持 800 像素×480 像素分辨率,图片必须为 PNG 格式,并且文件名不能有中文或空格,该文件夹除了 PNG 格式的图片文件外,不能有其他任何文件,如图 2-7 所示。

读者可选择自己喜欢的图片作为背景,图片格式和大小如果不符合要求,可以在 Windows 系统自带的画图软件里面进行处理。

点击设计窗口"Images"类控件里面的"Image",添加一幅图片作为背景图,如图 2-8 所示。

在右边图片属性栏,选择工程文件夹"..\helloWorld\helloWorld\TouchGFX\assets\images"里合适的图片作为背景图。如图 2-9 所示。

将该控件命名为"imageBackGround",读者可以自行修改位置、透明度、是否隐藏等属性。

读者也可以选用软件自带的简单图片作为背景图片,或者使用"box"控件设置背景颜色,这样无需背景图片,可以节省程序所占的存储空间。

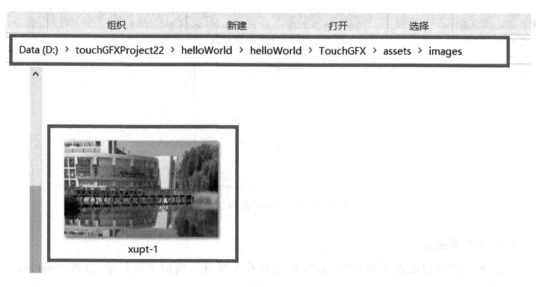

图 2-7　背景图片存放路径

图 2-8　添加背景图片 1

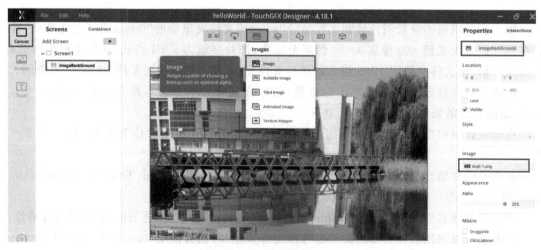

图 2-9　添加背景图片 2

3. 添加文本框显示

点击设计窗口混合类控件"Miscellaneous"中的"Text Area"控件,添加一个文本显示框如图 2-10 所示。

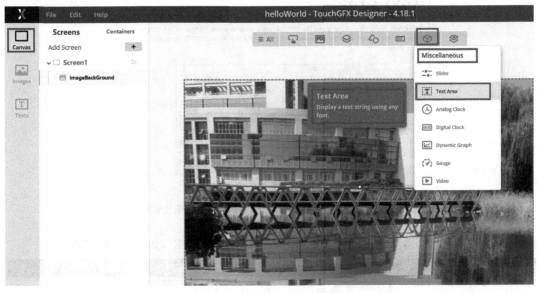

图 2-10 添加文本显示框图

在右边属性栏,将文本框命名为"textHelloWorld",选择合适的字体、字号、颜色和文本内容,并将文本框移到想要的位置,如图 2-11 所示。

图 2-11 修改文本的字体和显示内容

读者可点击"imageBackGround"左边的链接图标,查看"Text Area"控件的在线说明文档,如图 2-12 所示。

读者也可以添加自己的字体。如果要显示中文的话,可以将"Font"栏设置为"KaiTi",或者其他支持的中文字体,否则中文无法正常显示。如果该文本框要显示中英文结合的文本,并

图 2-12　查看"Text Area"控件的在线说明文档

能显示数字变量的话，需要将显示范围设置为"0－9，a－z，A－Z"，如图 2-13 所示。

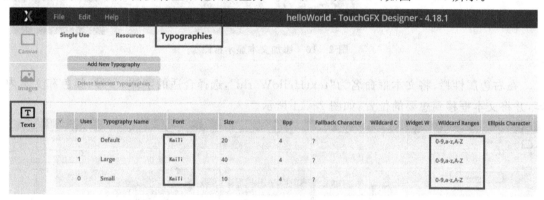

图 2-13　修改字体属性

4. 程序编译、下载

点击编辑界面右下角的生成代码图标"Generate Code"，生成工程代码，然后点击右下角的下载程序图标"Run Target"，可通过 TouchGFX 下载程序。

使用 USB 线连接电脑和开发板，将程序下载到开发板单片机中运行，程序效果如图 2-14 所示。这种写入方法比较方便，缺点是速度比较慢，下一节将学习另一种通过 ST-LINK 下载的方式，比较快捷。

小结：本实验采用可视化方法，无需编写代码，实现了一个最简单的程序，在触摸屏上显示背景图片和文本框，并使用 TouchGFX 自带的编译下载工具，将程序下载到开发板。

读者可以通过在线说明文档，了解各个可视化控件的功能和使用方法。

图 2-14 程序效果图

2.2.2 多屏幕人机交互程序设计

一般仪器仪表有多个人机交互界面,本节体验通过触摸屏实现两个界面之间的切换。

(1)新建工程,选择应用模板"STM32F469I Discovery Kit",工程命名为"ChangeScreen",生成工程。

进入 TouchGFX 界面,点击左下角"Files",可以查看本项目的工程路径,将两幅图片拷贝到工程文件夹"images"文件夹,分别作为两个界面的背景图,如图 2-15 所示。

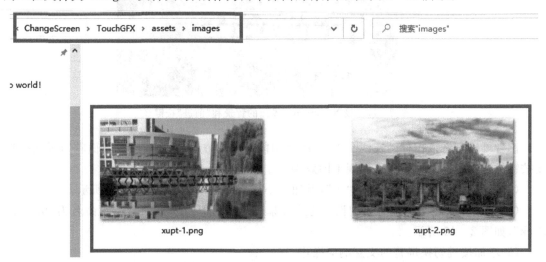

图 2-15 拷贝两个界面的背景图片

(2)将第一幅图片设置为第一个界面"Screen1"的背景图,在"Buttons"控件类中,找到带标记的按键"Button With Label",点击添加该控件,如图 2-16 所示。

修改按键的名字为"buttonGo",显示的内容为"前进",并移到右上角,如图 2-17 所示。

注意设置所用字体为楷体(KaiTi)，以便显示中文，设置方法见图 2-13。

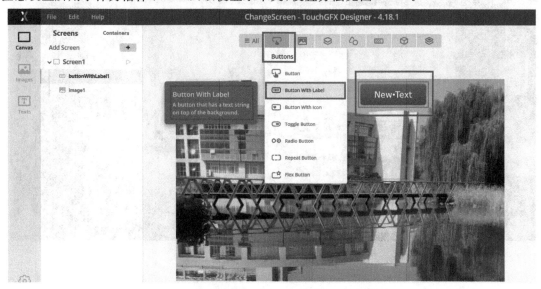

图 2-16　设置"Screen1"界面的背景和"前进"按键 1

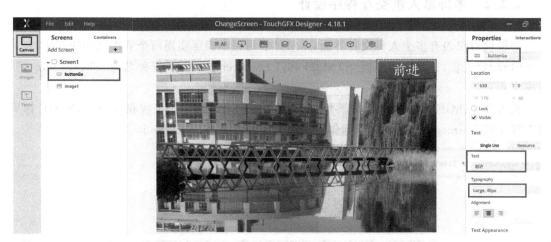

图 2-17　设置"Screen1"界面的背景和"前进"按键 2

读者可以查看该控件的在线文档，了解其功能和使用方法，并通过编辑界面右边属性栏改变按键的透明度、样式图片，来实现不同效果。

(3)点击图 2-17 左上角中的"+"，增加一个界面"Screen2"，如图 2-18 所示。

(4)将"Screen2"界面的背景图设置为第二幅图片，增加一个"返回"按键，命名为"button-Back"，如图 2-19 所示。

(5)增加按键切换屏幕的交互响应操作。

选中界面"Screen1"，增加"前进"按键的交互，如图 2-20 所示。

通过阅读 TouchGFX 软件"交互(Interactions)"的在线文档，了解其概念。交互允许用户配置在触发发生时执行的操作。

TouchGFX 设计器中的交互由触发和动作组成。"触发(Trigger)"是启动交互的方式，在

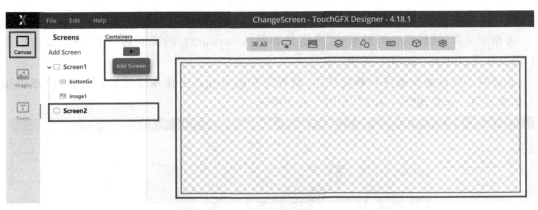

图 2-18 增加界面"Screen2"

图 2-19 设置"Screen2"界面的背景图和"后退"按键

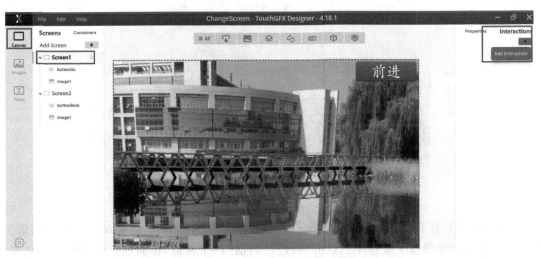

图 2-20 在"Screen1"界面增加"前进"按键的交互 1

应用程序中需要发生某个事件才能做动作,那么此事件的发生就是触发条件。"动作(Action)"是在触发后进行的操作。在这里,当用户定义的触发条件得到满足时,即可确定在应用程序中产生何种动作。

要添加交互，请转到任何屏幕或"自定义容器（Container）"的交互选项卡，然后点击右上角"添加交互（Interaction＋）"按键。

选择该交互的触发条件和响应动作，设置为在该界面点击该按键之后，系统响应点击操作，切换到另一个界面"Screen2"，如图 2－21 所示。

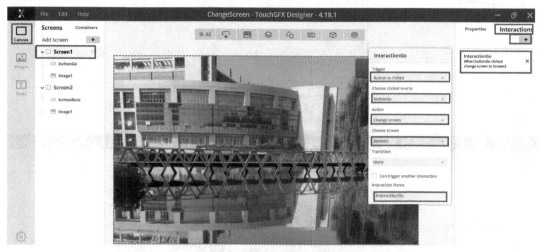

图 2－21　在"Screen1"界面增加"前进"按键的交互 2

然后在"Screen2"界面增加"后退"按键的人机交互，点击时切换回"Screen1"界面，从而实现两个界面通过按键来回切换，如图 2－22 所示。

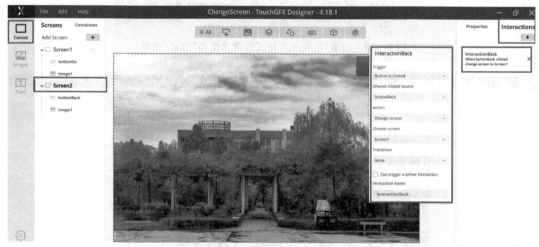

图 2－22　在"Screen2"界面增加"后退"按键的交互

（6）点击界面右下角的"Generate Code"，生成工程代码，然后点击"Run Target"，可通过 TouchGFX 自带编译器下载程序。点击"前进""后退"两个按键，体验两个屏幕切换的效果，如图 2－23、2－24 所示。

实验总结：本实验无需编写代码，实现最简单的人机交互，在触摸屏显示背景图片、按键，并设计了两个界面，通过增加按键交互的方式，实现两个界面的来回切换。

图 2-23 界面 1 程序效果

图 2-24 界面 2 程序效果

2.2.3 简单人机交互程序设计

本节实验设计一个触摸屏人机交互程序,通过点击触摸屏,在触摸屏面板上显示一个变量增减的效果。另外,前两节程序使用的是 TouchGFX 自带的编译器来实现编译下载,从本节开始,使用大家熟悉的 MDK 来实现编译、ST-LINK 实现程序下载。

本程序将在屏幕上通过文本显示框显示一个数字,通过两个按键,实现数字的增加和减少。

(1)新建工程,选择应用模板"STM32F469I Discovery Kit",添加一幅图片作为背景,命名为"imageBackGround",并增加一幅校徽图片,命名为"imageXUPT",工程命名为"ButtonAddDec"。

（2）添加两个带标记的按键控件（Button With Label），并将标记改为"加""减"，分别命名为"buttonAdd""buttonDec"，如图 2−25 所示。

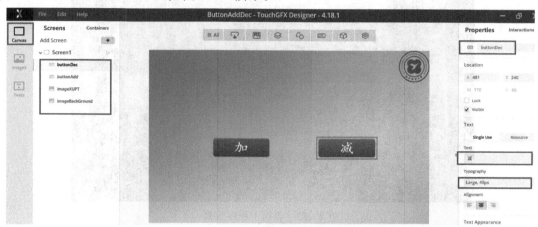

图 2−25　添加背景图和两个按键

（3）由于要显示中文，所以将该 40 号字体设置为"KaiTi"。这个字体还用于变量的显示，要将显示范围增加至"0−9，a−z，A−Z"，否则下面的文本框不能正确显示变化的数字。字体设置方法可参考图 2−13。

（4）添加文本显示控件"Text Area"。

如图 2−11，在面板添加一个文本框控件"Text Area"，命名为"textNumber"。与 2.2.1 节实验不同的是，这个文本框需要显示的是变量，而不是常量字符。

将文本框控件属性改为"<d>　　　　"，表示显示的是整型变量，如图 2−26 所示。指定变量初始值（Initial value 为 0）和缓存大小（Buffer size 默认为 10 个字节），如果需要显示浮点数变量，则属性改为"<value>"。

注意<d>后面需要加几个空格，否则只能显示一位数字。

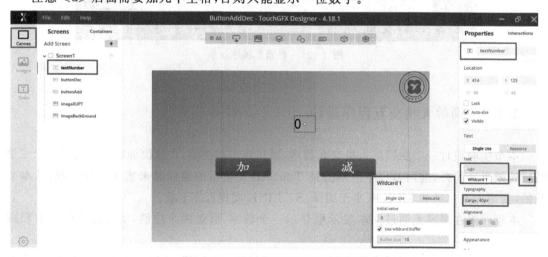

图 2−26　添加变量显示文本框控件

（5）添加触摸屏人机交互操作及消息响应函数。

点击右上角"Interactions",增加人机交互,选择"按键被点击"来触发这个交互,交互的响应为"调用一个虚拟函数",函数名设为"functionAdd",如图 2-27 所示。

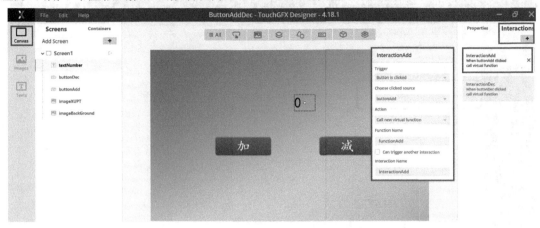

图 2-27 添加"加"按键的人机交互

这样,当用户点击"加"按键时,系统会调用一个消息响应函数"functionAdd()"来处理这个人机交互动作。函数的内容后续在 MDK 工程里面添加。

用同样的办法再增加一个"减"按键的人机交互,以及相应的消息响应函数"functionDec()",如图 2-28 所示。

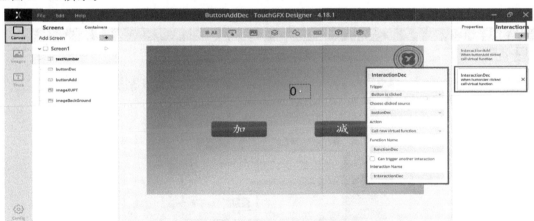

图 2-28 添加"减"按键的人机交互

(6)生成 MDK 工程。

点击 TouchGFX 界面右下角的"Generate Code",生成工程代码;点击左下角的"Files",打开 TouchGFX 工程路径,进入上一级目录,找到生成的 CubeMX 工程"STM32F469I-DISCO.ioc",双击并使用 CubeMX 打开该工程。

本程序拟使用 MDK 来实现程序编写和编译,接下来需要使用 CubeMX 生成 MDK 工程。

如图 2-29 所示,点击并进入"Project Manager"设置,配置 IDE 工具为"MDK-ARM",点击 CubeMX 右上角的"GENERATE CODE",生成 MDK 工程。

耐心等待 CubeMX 生成代码结束,然后回到 TouchGFX 软件界面。由于该工程同时用

17

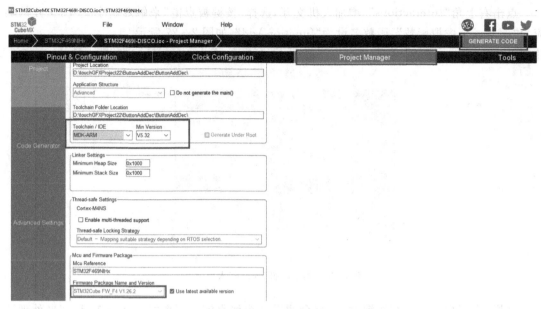

图 2-29　使用 STM32CubeMX 生成 MDK 工程

CubeMX 和 TouchGFX 打开，当 CubeMX 生成工程代码时，更新了该 TouchGFX 工程的部分代码，TouchGFX 会提示重新导入工程代码，按照要求点击"Yes"，然后再点击右下角"Generate Code"，生成代码，如图 2-30 所示。

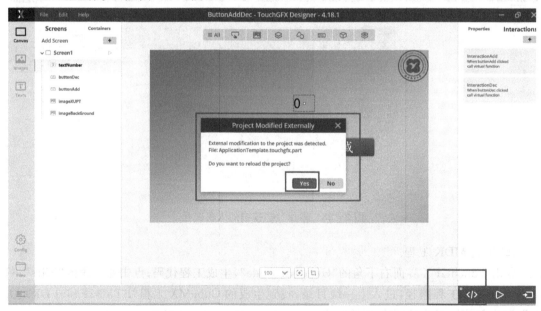

图 2-30　使用 TouchGFX 导入 CubeMX 生成的代码并重新生成代码

点击 TouchGFX 左下角的"Files"，回到 TouchGFX 工程目录，选择进入上一级文件目录，可以发现"MDK-ARM"文件夹，进入该文件夹，找到 MDK 工程文件，双击并使用 MDK 打开该工程，如图 2-31 所示。

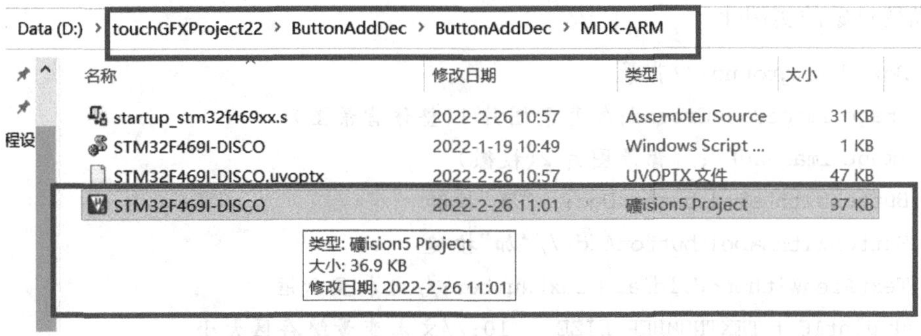

图 2-31 TouchGFX 和 CubeMX 联合生成的 MDK 工程

(7)TouchGFX 生成的人机交互代码分析。

在 MDK 开发环境中,找到该工程关于人机交互界面的程序部分,主要在"gui"目录下,是由 TouchGFX 软件生成的 C++源文件。

打开该目录下的"Screen1View.cpp",发现其包含头文件"Screen1View.hpp",可以通过鼠标右键将其打开,文件如下:

```cpp
#include <gui_generated/screen1_screen/Screen1ViewBase.hpp>
#include <gui/screen1_screen/Screen1Presenter.hpp>
class Screen1View : public Screen1ViewBase
{
    public:
        Screen1View();
        virtual ~Screen1View() {}
        virtual void setupScreen();
        virtual void tearDownScreen();
    protected:
};
```

简单分析该代码,我们可以得知,Screen1View 类派生自 Screen1ViewBase 类,并增加了两个虚函数 setupScreen()和 tearDownScreen(),分别在打开该界面和关闭该界面的时候调用。

该头文件包含了"Screen1ViewBase.hpp",通过鼠标右键点击,可以打开该文件。

在该文件中,我们发现 Screen1ViewBase 类派生自 View 基类,并增加了两个交互响应函数:

```cpp
virtual void functionAdd()//"加"按键的交互响应函数
{
}
virtual void functionDec()//"减"按键的交互响应函数
{
}
```

19

以及以下成员对象的实例化：

touchgfx::Box_ background;//背景

touchgfx::Image imageBackGround;//背景图片 1（整体背景图）

touchgfx::Image imageXUPT;//背景图片 2（校徽）

touchgfx::ButtonWithLabel buttonDec;//"减"按键

touchgfx::ButtonWithLabel buttonAdd;//"加"按键

touchgfx::TextAreaWithOneWildcard textNumber;//文本显示框

static const uint16_t TEXTNUMBER_SIZE = 10;//文本变量缓存区大小

touchgfx::Unicode::UnicodeChar

textNumberBuffer[TEXTNUMBER_SIZE];//文本显示框缓存区数组声明

以上这段代码，正是我们前面通过 TouchGFX 可视化设计，增加的背景图片、文本框、按键等人机交互对象。

该段代码是由软件将可视化的拖拽操作自动生成的 C++代码，作用是实例化了背景图片、文本框、按键等对象。

读者如果没有 C++程序设计基础，可以了解一下 C++语言中类和对象、继承和派生的概念，也可以暂且放下，继续本书的学习。

(8)完善"加"和"减"两个按键的消息响应函数。

从"Screen1ViewBase.hpp"中将两个消息响应函数复制到"Screen1View.hpp"，进行声明，并增加保护变量 counter，用来在屏幕显示，如图 2-32 所示。这两个函数是 Screen1View 类新增的成员函数。

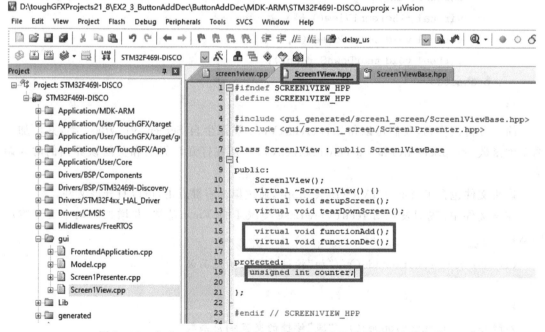

图 2-32　在 Screen1View.hpp 中添加消息响应函数及私有变量声明

注意,这是 C＋＋源文件,编程风格有所不同。

在 Screen1View.cpp 中添加 functionAdd()和 functionDec()两个按键响应函数,用来响应"加"和"减"按键点击后的动作:改变变量"counter"的值,并将其在文本控件"textArea1"进行更新显示,如图 2－33 所示。

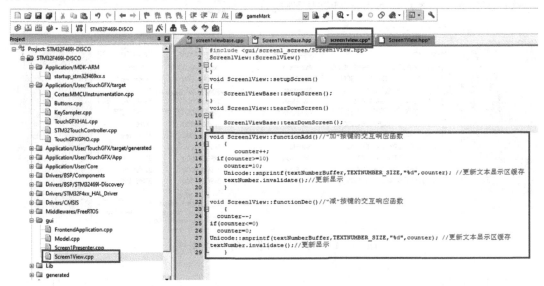

图 2－33　在 Screen1View.cpp 中添加消息响应函数

TouchGFX 自带的更新显示函数介绍如下:

Unicode::snprintf(textNumberBuffer,TEXTNUMBER_SIZE,"％d",counter);

textNumber.invalidate();

该函数中第一个参数 textNumberBuffer 是文本缓存区的名称,第二个参数 TEXTNUMBER_SIZE 是文本缓存区大小,"％d"表示以整型数格式来刷新。

textNumber.invalidate()是 TouchGFX 自带的函数,作用是更新文本框"textNumber"的显示内容。

以上两个函数及显示控件的详细介绍见 TouchGFX 官网"https://support.touchgfx.com/"相关介绍。

(9)使用 STM32 ST-LINK Utility 下载程序。

程序编写完成之后,先编译。编译生成的程序,实际上分为两部分,一部分将下载在 STM32F469 单片机里,作为核心的启动运行代码,这部分受限于单片机的 ROM 容量(不超过 2 MB),不能太大;另外,程序所含的大量图片等资源,将下载在开发板上一个 QSPI 接口的 NOR flash 里,这是一个外置的存储器(external loader),容量 64 MB。

打开 STM32 ST-LINK Utility 软件,指定本开发板外置的存储器型号,如图 2－34 所示。

只有第一次下载程序的时候需指定外部存储器,只要没有更换开发板,以后下载程序时,无需再次指定外部存储器。

在工程目录下的"MDK-ARM\STM32F469I-DISCO"路径中,用 ST-LINK 打开 MDK 生成的 hex 文件,如图 2－35 所示。

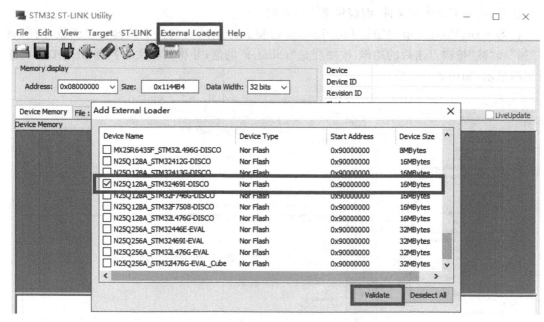

图 2 - 34　选择目标开发板的 flash 型号

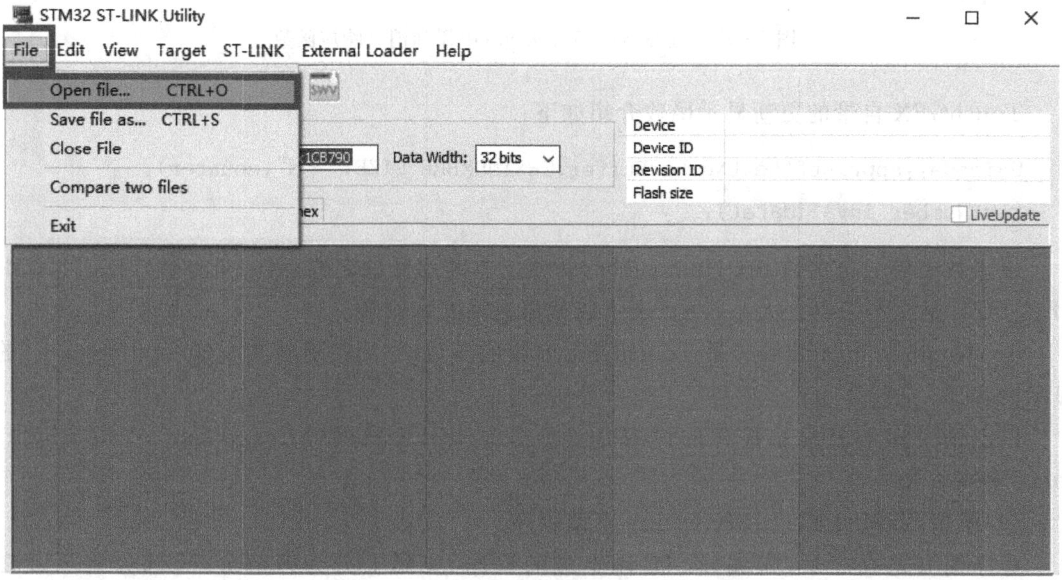

图 2 - 35　选择 MDK 生成的 hex 文件

　　下载程序时，注意要选中"Reset after programming"，如图 2 - 36 所示，这样下载后，程序直接复位运行，否则需要硬件重启或重新上电才能看到效果。

　　下载完毕后，开发板上显示程序编译结果，如图 2 - 37 所示。

　　实验总结：

　　(1)本程序通过触摸屏上两个按键实现变量的增减操作并刷新变量显示，读者可以体会人机交互设计、消息响应函数、文本框、按键等 TouchGFX 自带资源的使用方法，以及文本显示

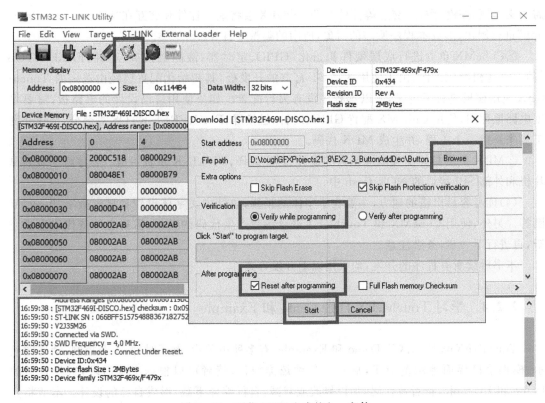

图 2-36 下载 MDK 生成的 hex 文件

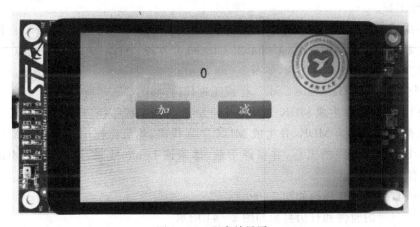

图 2-37 程序效果图

框的更新显示方式。用户点击一次按键,系统就执行一次相应的消息响应函数,实现人机交互功能。

(2)与前两个实验采用 TouchGFX 自带的编译工具不同,本实验采用了 MDK 的编译环境,实现了代码编辑和程序的编译,并使用 ST-LINK 下载工具,将程序下载到开发板。

(3)本实验使用了三种软件对同一个工程进行联合编程。

①TouchGFX 负责 GUI 及人机交互的设计,所见即所得,通过拖拽方式添加人机交互所

需的文本框、按键、图片、交互等控件。TouchGFX 会将这些控件和交互在"Screen1ViewBase. hpp"进行例化，形成本程序所需的对象，所用的类派生自 View 基类。

②CubeMX 负责进行底层硬件初始化（GPIO、定时器、液晶触摸屏、时钟、FREE RTOS 等）。这些初始化工作，由于使用的是 ST 官方的开发板，其初始化配置已经由选定的 Touch-GFX 应用模板进行了定义，所以本程序没有另行配置。如果使用自己设计的电路板，需要根据电路原理图，使用 CubeMX 配置 GPIO、时钟、触摸屏、FMC、FREE RTOS 等部分，选择开发工具来新建一个工程，并生成 MDK 代码。

③MDK 负责具体交互响应函数的设计、程序编译，ST-LINK 负责下载。程序将下载到单片机和外部 SPI 接口的 NOR flash 中。

（4）读者容易出错的地方，主要在于字体的设置，包括中文字体设置和显示数字"0—9"范围等。另外，使用 CubeMX 和 TouchGFX 联合编程产生代码的时候，需耐心等待代码生成完毕，再进行下一步，务必注意。

本书后续所有程序的开发，均采用以上开发方式。

2.2.4　学习 TouchGFX 自带 Demo 和 Example

TouchGFX 自带丰富的 Demo 和 Example，有多种小游戏、电子时钟、工业控制、动态图显示、模拟手机界面等示范应用，展示了各种炫酷控件，读者可以根据工程需求，选择合适的 Demo 和 Example，查看源代码，加以修改或裁减，自行编译下载，形成自己的设计。本节将介绍如何将 TouchGFX 自带的 Demo 小游戏下载到开发板上使用。

（1）新建工程。

选择应用模板和 UI 模板如图 2-38 所示，本实验将学习一个 TouchGFX 自带的 Bird-EatCoin 游戏，新建工程，选定 STM32F469I-DISCO 开发板，在 Demo 界面选择该游戏的 UI，点击右下角"Create"按键生成工程，如图 2-38 所示。

（2）点击右下角的"Generate Code"，生成工程代码，如图 2-39 所示。

（3）按照 2.2.3 节中生成 MDK 工程代码的方法，打开工程路径，打开 CubeMX 工程，通过 CubeMX 选择开发工具为 MDK，并生成 MDK 工程代码，然后再使用 TouchGFX 生成代码，最后使用 MDK 打开生成的工程，并编译下载，体验该 Demo 效果，同时可用 MDK 查看该 Demo 的所有源代码。

该 Demo 自带的游戏界面如图 2-40 所示。

该 Demo 自带的时钟和日历界面如图 2-41 所示。

该 Demo 自带的手势登录界面如图 2-42 所示。

该 Demo 还有智能家居、其他小游戏等功能，达到类似手机安卓系统界面的效果，读者可以自行体会，并学习其源代码。

（4）读者可在 TouchGFX 中选择软件自带的 UI 模板，查看各种 Demo、Example 的源代码，我们可以发现，TouchGFX 自带的各种范例偏向于显示控件和人机交互控制，但一般不涉及底层硬件。

如果读者要使用本开发板的音频、SD 卡、USB、EEPROM 等其他硬件资源，可以通过 CubeMX 附带的开发固件，查看各种不同的范例。例如我们可以打开如图 2-43 所示固件路

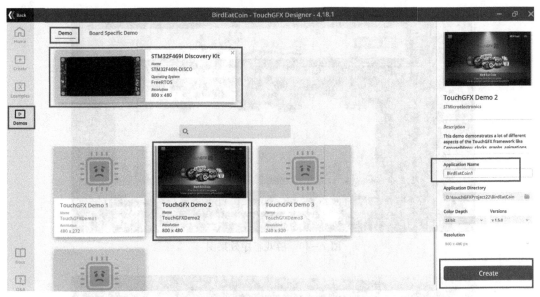

图 2-38 选择应用模板和游戏 UI 模板

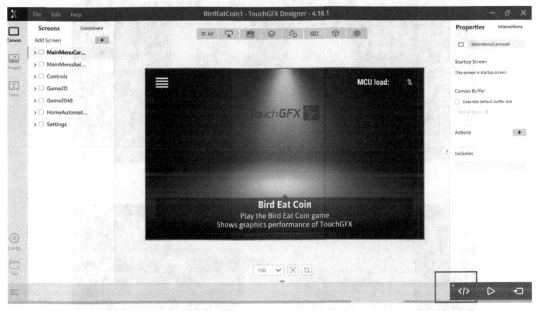

图 2-39 选择应用模板和游戏 UI 模板生成工程代码

径(不同用户安装设置的固件默认路径不同,可在 CubeMX 里查看)。

在 Projects 目录下,有各种底层硬件的驱动示例程序,如图 2-43 所示,例如在 Audio 文件夹中,有一个音频播放器的基本示例,读者可以编译下载试用。

另外,在 Demonstrations 文件夹中,有全功能的 Demo。将里面的 MDK 工程编译、下载,可以体会这个开发板各种游戏、音频播放、数据采集显示、人机交互等强大功能,有兴趣的读者,可以通过对实例的裁减、修改来加深对底层硬件的理解。

读者可以使用 TouchGFX 设计 GUI,再结合底层硬件驱动,尝试设计智能家居、音频和视

图 2-40　游戏程序效果图

图 2-41　时钟日历程序效果图

图 2-42　手势登录程序效果图

频播放器、数码相机、各种小游戏等应用，加深对开发方法的理解。

图 2-43　CubeMX 固件库的示例路径

2.3　本章作业

(1)修改本章 2.2.1～2.2.3 内容,可以更换字体、更换背景图片,添加学号、姓名、专业名等,编译下载程序,在开发板上查看差异化效果。

(2)通过在线文档和软件范例,学习 TouchGFX 自带的其他 Demo 和 Example,例如智能家居、手表、动态图、进度条等。

第 3 章 基于 TouchGFX 的简易壁球游戏

3.1 实验目的和实验内容

3.1.1 实验目的

通过本次实验,读者可学习 TouchGFX 软件自带的"Line and Circle Example",了解收音机类型按键(Ration Button)、文本显示区(textAera)、带标记的按键(Button With Label)、线(Line)、圆圈(Circle)、对话窗口(Modal Window)等控件的使用方法,设计简单的壁球游戏,加深对人机交互设计的理解。

3.1.2 实验内容

本实验拟使用 TouchGFX 软件,设计一款壁球小游戏,实现显示当前得分、开始游戏、重新开始游戏等基本功能。

基本实验要求:

(1)通过两个按键控制球拍移动,每次正确击打球得十分,球反弹,主界面能实时显示当前得分。

(2)击打失误判断游戏失败,弹出对话框,显示当前得分,并可以点击按键重新开始游戏,得分清零。

3.2 壁球游戏程序设计

3.2.1 学习"Line and Circle Example" UI 模板

第一步:打开 TouchGFX 4.18.1 软件,选择应用模板为"STM32F469I Discovery Kit",选择 UI TEMPLATE 为"Line and Circle Example"。

第二步:进入如图 3-1 所示编辑界面,可以看到,该 UI 模板包含 3 种 Line 对象和 3 种

Circle 对象。

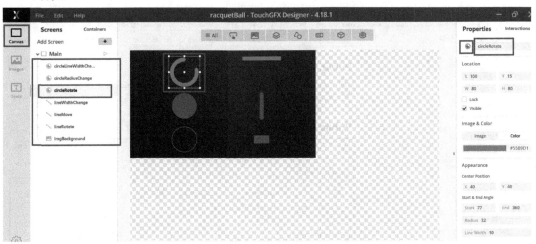

图 3 - 1　"Line and Circle Example"UI 模板界面

(1)直线(Line)。

可以点击右上角控件名左边的链接,通过在线文档查看 Line 控件的功能及使用方法。

通过查看在线文档可以了解,直线(Line)是一个基于 CanvasWidget 的小部件,能够从一点到另一点绘制一条直线。线条可以由单一颜色填充,也可以使用 Painter 对象填充。

如果通过 TouchGFX 生成一个"Line"对象,在为视图基类生成的代码中,可以看到 TouchGFX Designer 生成这个直线对象的代码:

```
#include <gui_generated/screen1_screen/Screen1ViewBase.hpp>
#include "BitmapDatabase.hpp"
#include <touchgfx/Color.hpp>
Screen1ViewBase::Screen1ViewBase()//构造函数
{
    lineName.setPosition(0, 0, 800, 480);//设置直线位置
    lineNamePainter.setBitmap(touchgfx::Bitmap(BITMAP_DARK_BACKGROUNDS_MAIN_
BG_800X480PX_ID));
    lineName.setPainter(lineNamePainter);//设置画刷
    lineName.setStart(200, 200);//设置直线起点
    lineName.setEnd(550, 150);//设置直线终点
    lineName.setLineWidth(50);//设置线宽
    lineName.setLineEndingStyle(touchgfx::Line::ROUND_CAP_ENDING);
                                      //设置直线尾部风格(圆头)
    add(lineName);//例化 Line 对象
}
```

在如图 3 - 2 所示文档里可以查看这个控件的详细使用说明,包括 setPosition、setBitmap、setPainter、setStart、setEnd、setLineWidth、setLineEndingStyle 等多个公有操作函数的

详情。

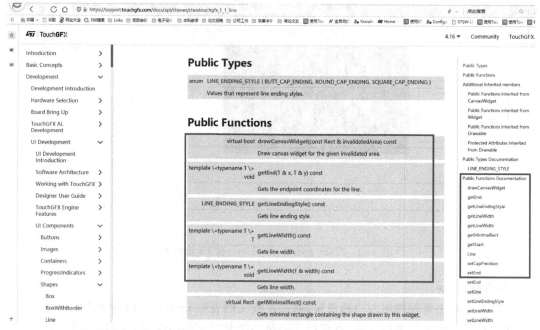

图 3-2　Line 控件在线使用说明

（2）圆圈（Circle）。

通过查找在线文档可知，圆是一个基于 CanvasWidget 的小部件。画一个圆，如图 3-3 所示，此圆可以是部分圆，可以是填充圆，也可以是轮廓圆；可以修改圆心、半径、线宽、线帽和圆弧；也可以使用图像或单一颜色对圆进行填充。

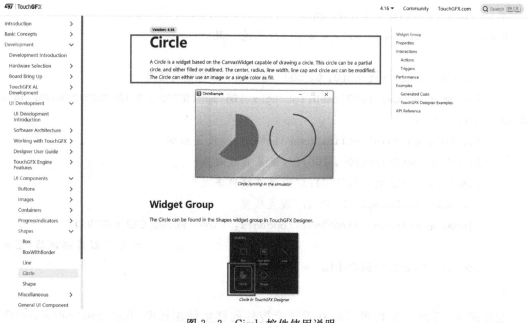

图 3-3　Circle 控件使用说明

在线文档介绍了通过 TouchGFX 软件生成一个圆圈时,执行的相关代码:

```
#include <gui_generated/screen1_screen/Screen1ViewBase.hpp>
#include "BitmapDatabase.hpp"
#include <touchgfx/Color.hpp>
Screen1ViewBase::Screen1ViewBase()
{
    touchgfx::CanvasWidgetRenderer::setupBuffer(canvasBuffer, CANVAS_BUFFER_
SIZE);//设置缓存
    circleName.setPosition(40, 36, 200, 200);//设置圆的位置
    circleName.setCenter(100, 100);//设置圆心
    circleName.setRadius(80);//设置半径
    circleName.setLineWidth(0);//设置线宽
    circleName.setArc(0, 225);//设置圆弧起点和终点(360°为一个整圆)
    circleName.setCapPrecision(180);
    circleNamePainter.setColor(touchgfx::Color::getColorFrom24BitRGB(0, 171,
223));//设置颜色
    circleName.setPainter(circleNamePainter);//设置画刷
    add(circleName);//例化这个圆的对象
}
```

相关的圆操作的公有函数,例如 setCenter、setRadius、setLineWidth、setArc( )、setCap-Precision、setColor 等,如图 3-4 所示,可以通过查在线文档了解详细用法。

图 3-4　Circle 控件操作函数的详细说明

第三步:生成 MDK 工程代码。

（1）点击软件右下角的"Generate Code"，生成代码。

（2）点击左下角"Files"，进入代码文件夹，并返回上一级目录，使用 CubeMX 打开生成的
"STM32F469I-DISCO.ioc"工程。

（3）在"Projec Manager"工具栏选择"MDK-ARM"工具，点击"GENERATE CODE"，生成
MDK 工程。

（4）由于 CubeMX 生成代码的过程中，对 TouchGFX 工程的部分源代码做了更新，这时
TouchGFX 软件会弹出是否重载代码的对话框，选择"Yes"，然后点击右下角的"Generate
Code"，重新生成代码。

第四步：使用 MDK 打开生成的工程，并编译下载，查看效果，如图 3-5 所示。

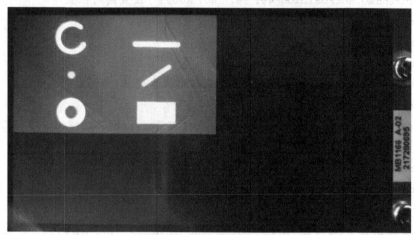

图 3-5　程序下载效果图

通过查看该代码效果，我们发现，这些 Line 和 Circle，有的是位置在周期性变化，有的是
线宽、半径、旋转角度、圆弧角度等参数在周期性变化。

第五步　程序分析。

打开 MDK 源代码，可以发现，程序主要的功能代码在"Screen1View.cpp"文件的 han-
dleTickEvent()函数中，这是周期性执行的函数，执行频率和屏幕刷新频率一致，约 50 Hz。代
码如图 3-6 所示。

读者可以参照前面提到的在线文档，结合程序的实际效果，理解该段代码功能，从而掌握
Line 和 Circle 控件的用法。

3.2.2　简易壁球游戏 UI 设计

第一步：新建工程。

选择应用模板为"STM32F469I Discovery Kit"，新建空白 UI 模板。打开工程路径，在
"..\TouchGFX\assets\images"路径下，复制一张 800 像素×480 像素的 PNG 格式图片，然后
将该图片设置为游戏背景，命名为"imageBackGround"。

第二步：添加显示当前得分的"text Aera"控件。

更改该文本显示框显示内容、字体大小，命名为"textCurrentScore"，将该文本框放置到合

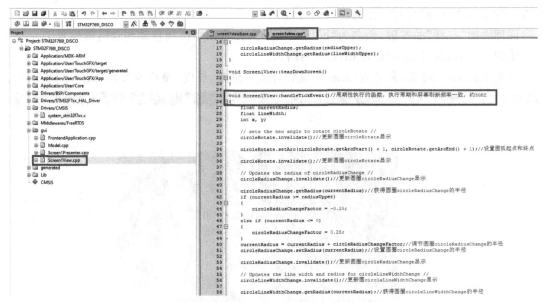

图 3-6　程序代码分析

适位置。

　　由于得分必须随时刷新，所以文本显示框必须显示变量，其中的"Text"内容设置为"当前得分：<d>"，这样在程序执行中，"当前得分："后面显示的就是缓存中变量的值。设置缓存大小为固定的 10 个字节，初始值为 0，如图 3-7 所示。

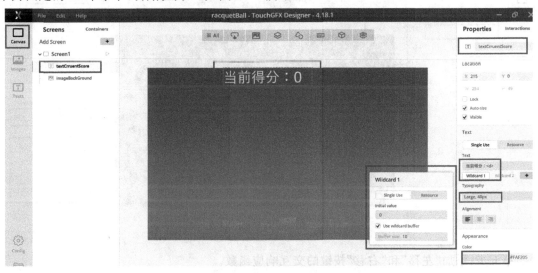

图 3-7　添加显示得分的文本显示区

　　为了能让系统正确显示中文，还需要将字体改为"KaiTi"，并将范围设置为"0-9，a-z，A-Z"，字体的设置方法参照第 2.2.3 节。

　　第三步：添加左右移动球拍的按键。

　　在本程序中，用户可以通过左右移动球拍来击打壁球。左右移动的操作，可以使用按键（Button）来实现。添加"Button With Label"控件，名字修改为"buttonLeft"，并修改字体，将按键上的文本修改为"左移"，作为左移的按键。

同理添加"右移"的按键，命名为"buttonRight"，并将两个按键移动到合适的位置。

第四步：添加球（Circle）和球拍（Line）控件。

首先添加 Line 对象，命名为"line1"，设置合适的位置、长度、颜色等参数，如图 3-8 所示。

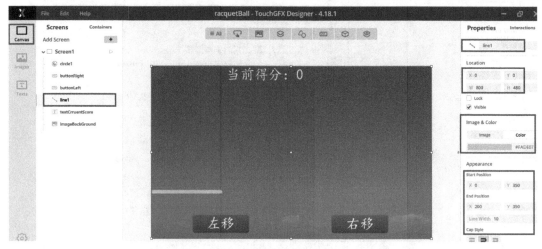

图 3-8　添加 Line 对象

然后添加 Circle 控件，命名为"circle1"，初始化颜色、半径、位置等参数，如图 3-9 所示。

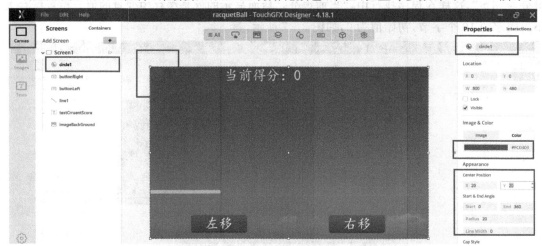

图 3-9　添加 Circle 对象

第五步：添加"左移"和"右移"按键的交互响应函数。

当用户点击"左移"或"右移"按键的时候，需要添加两个函数来响应交互操作，让球拍左移或者右移。

添加两个交互操作，当用户点击"左移"或"右移"按键时，系统分别调用函数"functionTurnLeft""functionTurnRight"，响应该操作，如图 3-10 所示。

第六步：添加游戏失败后弹出的对话框窗口。

当游戏失败后，需要弹出窗口，显示最终得分，并终止游戏。用户点击"确定"按键之后，窗

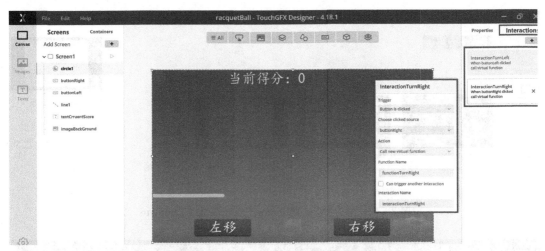

图 3-10 添加"左移"和"右移"交互操作和相应函数

口消失,分数清零,开始一局新的游戏。

首先添加弹出窗口,添加"ModalWindow"控件,命名为"modalWindowGameOver"。窗口的背景图片用户可以自行设置,如图 3-11 所示。

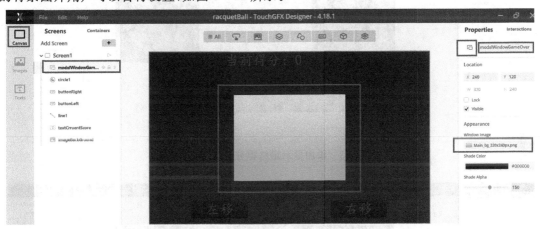

图 3-11 添加游戏失败后弹出的窗口

用户可以通过点击软件界面左边的链接来访问在线文档,学习该控件的使用方法,也可以在新建工程的时候,选择"ModalWindow Example"UI Template 学习模态窗口的使用方法,如图 3-12 所示。

通过查看在线文档可知,ModalWindow 是一个容器类型的小部件,它显示一个窗口并阻止底层视图和小部件的触摸事件。ModalWindow 由一个背景图像和一个框组成,该框在底层视图和具有可调 alpha 的小部件上起阴影作用。ModalWindow 将填充整个屏幕,所以应该作为最后一个元素添加,这样它就始终位于其他元素的顶部。

本程序弹出的窗口,包含显示"最终得分"的文本显示框"textFinalScore"(见图 3-13)和"重新开始"按键"buttonReStart"(见图 3-14)。用户点击"重新开始"按键后,将对话框窗口隐藏,并重新开始游戏,如图 3-15 所示。

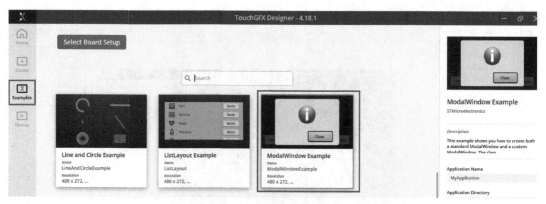

图 3-12　学习"ModalWindow Example"UI Template

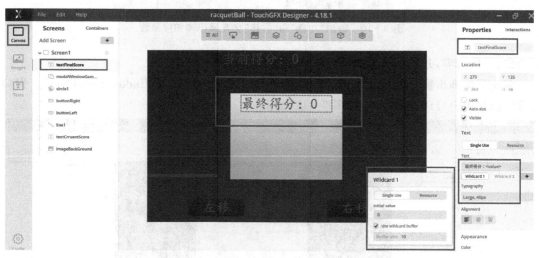

图 3-13　添加显示最终得分的文本显示区

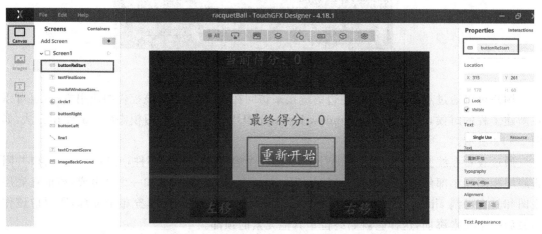

图 3-14　添加游戏失败后的"重新开始"按键

　　最后，因为这两个控件只有在对话框窗口弹出之后才显示，使用鼠标将它们移到"modal-WindowGameOver"窗口目录之下，并将这个窗口属性设置为不可见（不选中 Visible），如图

3-15 所示。

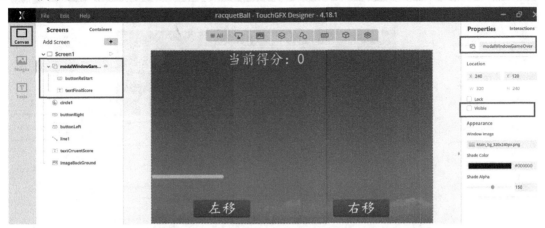

图 3-15　将两个专属控件移到对话框窗口目录下并设置对话框隐藏

展开这个窗口目录,可以看到其专属的两个控件。

第七步:添加游戏失败后弹出窗口中的"重新开始"按键的交互响应函数。

游戏失败后,系统弹出窗口"modalWindowGameOver",该窗口含一个"重新开始"按键"buttonReStart"。

按照第五步方法,为该按键添加第一个交互"InteractionReStart",当用户点击该按键的时候,首先将窗口"modalWindowGameOver"隐藏(并非调用一个虚函数),并设置为可以触发另一个交互,如图 3-16 所示。

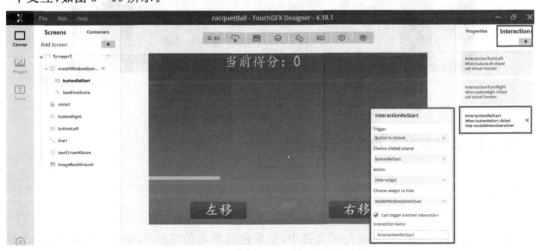

图 3-16　为"重新开始"按键添加第一个交互

接着再为该按键添加一个交互"InteractionReStart2",调用函数"functionGameReStart()",重新开始游戏,该交互由"InteractionReStart"触发,如图 3-17 所示。

第八步:使用第 2.2.3 节的方法,生成 MDK 工程代码,编译、下载查看 UI 效果,如图 3-18 所示。至此,简易壁球游戏的人机交互界面编写完成。

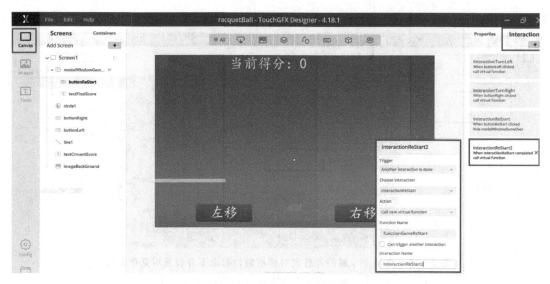

图 3-17 为"重新开始"按键添加第二个交互

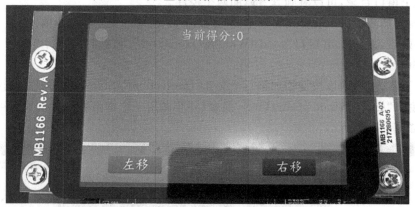

图 3-18 人机交互界面下载效果图

3.2.3 简易壁球游戏程序代码设计

1. 程序分析

简易壁球游戏代码主要由 3 部分实现功能。

(1)在生成的"Screen1View. cpp"文件中,仿照前面学习的"Line and Circle Example" UI Template,添加一个 handleTickEvent()函数。这是周期性执行的函数,执行周期和屏幕刷新频率一致,约 50 Hz。这个函数根据壁球的速度定时更新其位置,并判断壁体是否碰到左右两侧及上方,碰到之后回弹;用户每次成功击打壁球后,增加得分变量,并更新分数显示;定时判断游戏是否失败,如果壁球已经触底,则弹出窗口,显示游戏失败。

(2)完善"左移""右移"两个按键的交互响应函数,当用户触摸按键时,需要改变球拍 (Line)的位置,并更新显示,从而实现球拍的移动效果。

(3)完善"重新开始"按键的交互响应函数,实现重新开始游戏功能。

2. 代码实现

第一步：使用 MDK 打开生成的工程，查看工程路径"gui"目录下"Screen1View. cpp"，打开其包含的头文件"Screen1View. hpp"，如图 3 – 19 所示。

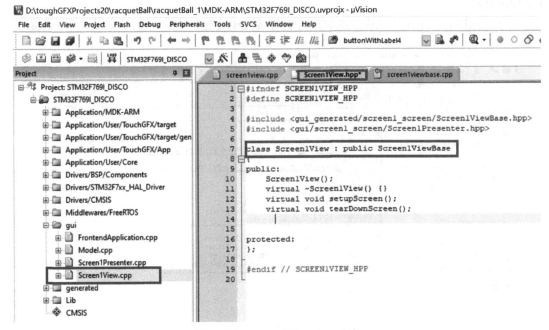

图 3 – 19　Screen1View. hpp 文件

从该头文件可知，类"Screen1View"继承自基类"Screen1ViewBase"，含有 TouchGFX 生成的基类的一切属性。读者可以打开"genetated"目录下的基类 Screen1ViewBase. cpp，如图 3 – 20 所示。

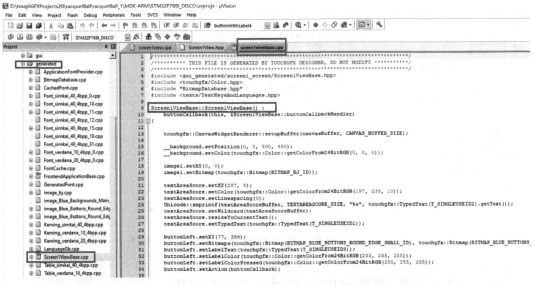

图 3 – 20　Screen1ViewBase. cpp 文件

读者可以查看该基类的内容，与本程序前面的 TouchGFX 的操作对应起来解读，了解 TouchGFX 软件操作与生成代码之间的关系。

该段代码增加了 Line、Circle 等对象，以及声明回调函数、按键响应交互函数等内容，读者可以详细查看。

在"Screen1View.hpp"头文件中添加定时刷新函数和按键交互响应函数，如图 3 - 21 所示。

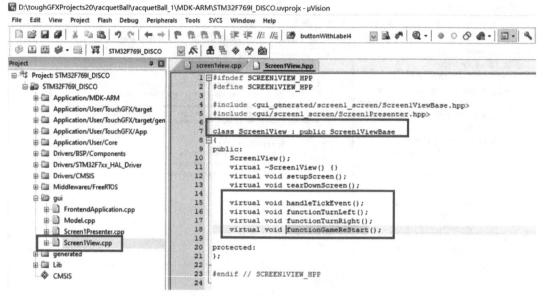

图 3 - 21　增加定时刷新函数和按键交互响应函数

第二步：在"Screen1View.cpp"文件中，声明代表当前得分、壁球坐标、游戏是否结束的有关变量，如图 3 - 22 所示。

图 3 - 22　在"Screen1View.cpp"文件中声明全局变量

第三步：在"Screen1View.cpp"文件中编写按键消息响应函数，如图 3 - 23 所示。

注意，屏幕水平像素 800、竖直像素 480，屏幕左上角坐标为(0,0)、右下角坐标为(800,480)。

第四步：编写定期刷新函数，如图 3 - 24 所示，更新壁球和球拍位置，并判断壁球是否碰到左右两侧及上方，碰到之后回弹。用户每次成功击打壁球后，增加得分变量，并更新分数显示。

图 3-23　按键消息响应函数

另外,定时判断游戏是否失败,如果壁球已经触底,则弹出窗口,显示游戏失败。

图 3-24　定时刷新函数

第五步:程序编译、下载,测试游戏功能,如图 3-25、图 3-26 所示。

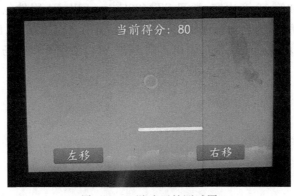

图 3-25　游戏开始测试图

图 3-26　游戏失败弹出窗口测试

3.3　本章作业

(1)修改程序，实现难度自动增加。如壁球速度每隔 10 s 增加 5%，或者得分每增加 100，壁球速度增加 10%。

(2)学习 TouchGFX 4.18.1 中的"RadioButton Example"，修改当前程序，通过"Radio Button"实现难度选择功能。

(3)学习 TouchGFX 4.18.1 中的"Scroll Wheel and List Example"，通过"Scroll Wheel"或"Scroll List"下拉框控件实现难度选择功能。

(4)增加显示历史最高得分功能。

(5)使用掉电不丢失数据的电擦除可编程只读存储器(electrically-erasable programmable read-only memory，EEPROM)，来存储历史最高得分。EEPROM 的用法，可参考 STM32Cube_FW_F4 固件包中"..\Projects\STM32469I-Discovery\Applications"目录下"EEPROM"文件夹里的示例工程。

(6)使用 SD 卡或者 U 盘作为存储器，存储历史最高得分和部分参数。两种存储器的用法可参考 STM32Cube_FW_F4 固件包中"..\Projects\STM32469I-Discovery\Applications"目录下的相关示例程序文件夹，学习两种存储器用法，也可以参考本书第 12 章介绍的 SD 卡的读写方法。每次开机显示历史最高得分。

(7)参考第 11 章和第 12 章内容，学习 STM32Cube_FW_F4 固件包中"Audio_playback_and_record"和"BSP"例程，为当前程序增加音频功能，当用户点击按键、游戏得分、游戏失败、游戏重新开始时，开发板通过音频接口输出不同声音，可以使用耳机或扬声器播放声音。

第 4 章　基于 TouchGFX 的简易贪吃蛇游戏

4.1　实验目的和实验内容

4.1.1　实验目的

在上一章中,读者可以通过学习壁球游戏,了解标签类型按键(Button With Label)、文本显示区(textAera)、线(Line)、圆圈(Circle)等控件的使用方法,通过 TouchGFX 在线文档,学习文本资源(Resource Text)的使用方法。

本章将利用这些控件,设计一个简易的贪吃蛇游戏,进一步加深读者对使用 TouchGFX 设计人机交互程序的理解。

4.1.2　实验内容

使用 STM32F469I-DISCO 开发板,设计简易贪吃蛇游戏,实现游戏状态切换(开始游戏、暂停游戏、游戏继续、重新开始),实时得分显示,游戏最高分显示等基本功能。

基本实验要求:

(1)编写游戏开始界面,可通过按键切换游戏难度。

(2)在游戏主界面添加"开始游戏""暂停游戏""游戏继续""重新开始"按键,可控制游戏进程。

(3)编写游戏主界面程序,玩家可通过四个按键,控制蛇的移动,蛇每吃一个小球增加 100 分,蛇的长度加 1,并且可以显示当前得分、历史最高得分和小蛇长度。

4.2　贪吃蛇游戏程序设计

4.2.1　贪吃蛇游戏 UI 设计

(1)查阅 TouchGFX 在线文档,了解文本资源的使用方法。文本资源可以在 TouchGFX

中重复使用,本例程用它来实现游戏难度与游戏进程字样的切换。

单击"Resources"资源选项卡中"Add New Resource"添加新资源的按键,可新建显示游戏难度的文本资源。如图 4-1 所示。

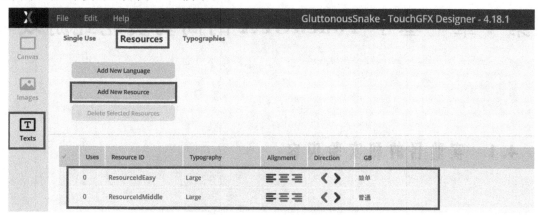

图 4-1　添加文本资源界面

(2)设计开始界面。

第一步:使用 TouchGFX 4.18.1 新建工程。

选择应用模板为"STM32F469I Discovery Kit",空白 UI 模板,生成工程。打开工程路径,将 800 像素×480 像素的 PNG 图片,命名为"imageBackGround",保存到"images"文件夹,作为游戏的背景图。

然后再添加一个图片控件,命名为"imageGameName",用来显示游戏名,如图 4-2 所示。

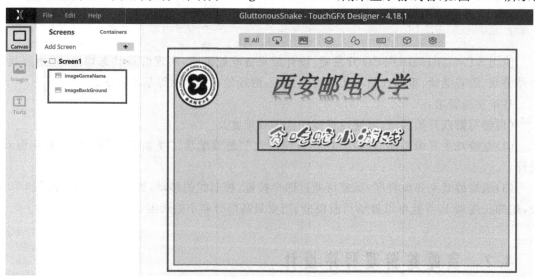

图 4-2　添加背景图片及游戏名图片

第二步:添加显示游戏难度的文本框"textGameLevel"。

添加一个"textAera"控件,命名为"textGameLevel",更改文本显示框的颜色、显示内容、字体大小,将其拖到合适位置。

添加完成后,在右侧"TEXT"栏中选择"＜value＞",然后选择"Resource ID"为"Resour-ceIdEasy",如图 4－3 所示。

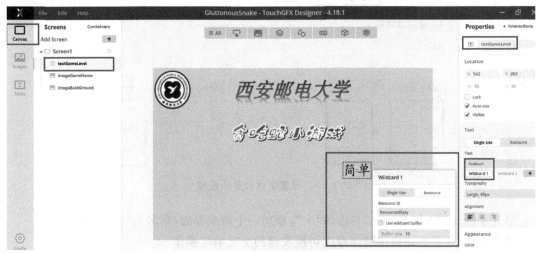

图 4－3　添加显示游戏难度的文本框

第三步:添加界面切换按键与难度切换按键。

添加一个显示"游戏难度:"的文本框"textShowGameLevel",放置在合适的位置。

添加一个切换界面的"buttonWithLabel"控件,命名为"buttonStartGame",修改字体和显示内容为"开始游戏",放在合适的位置。

添加一个切换难度的"buttonWithLabel"控件,命名为"buttonMode",放置在显示难度的文本框"textGameLevel"上面,设置"Alpha"(透明度)为零,从而隐藏该按键,这样用户点击"textGameLevel"文本框,就可以触发该按键的交互响应函数,如图 4－4 所示。

图 4－4　添加界面切换按键与难度切换按键

第四步:设置字体和文本显示范围。

设置本例程的各种字体为"KaiTi",以便显示中文。设置范围为"0－9,a－z,A－Z",如图 4－5 所示。

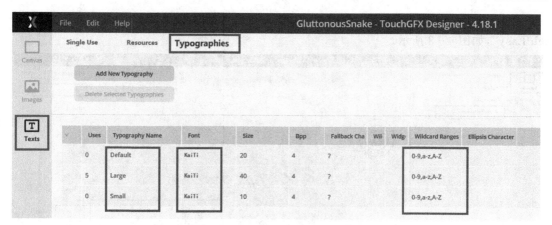

图 4-5　设置字体和显示范围

第五步：点击"Add Screen"右边的"＋"，添加一个游戏界面，命名为"Screen2"。

第六步：添加界面切换按键与难度切换按键的交互响应操作。

在"Screen1"界面增加"buttonStartGame"按键的交互"InteractionStartGame"，用来切换界面。点击该按键之后，交互响应为切换到另一个界面"Screen2"。

在"Screen1"界面增加"buttonMode"按键的交互"InteractionChangeMode"，点击按键将调用函数"funcChangeMode"，如图 4-6 所示。

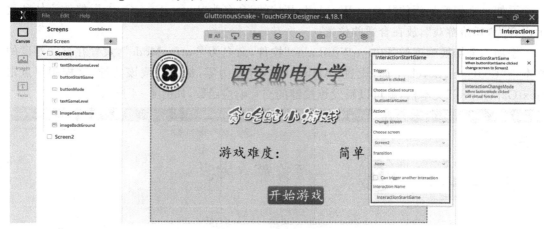

图 4-6　添加按键交互函数

（3）游戏界面设计。

第一步：在"Screen2"界面，首先添加背景图片"imageBackGround"。

然后添加显示历史最高分、当前得分、长度的文本框，命名为"textHighestScore""textCurrentScore""textSnakeLength"，并设置为显示整型变量值，默认缓存为 10 个字节，如图 4-7 所示。

第二步：添加显示游戏状态的文本框和模式切换按键。

首先添加显示游戏状态的文本框所需的文本资源，如图 4-8 所示。

然后添加一个显示游戏状态的文本框，命名为"textGameState"，内容设置为"＜value＞"以便显示变量，默认的文本资源为"ResourceIdStartGame"。然后添加一个"Button"控件，命

图 4 - 7　添加显示历史最高得分等文本框

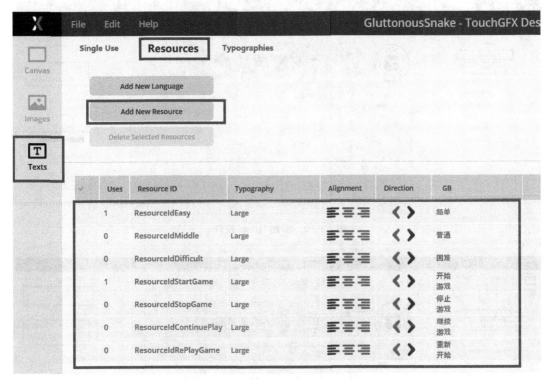

图 4 - 8　添加显示游戏状态的文本框所需资源

名为"buttonMode",并将其对比度设置为 0,默认为隐藏,并放置在"textGameState"上面,如图 4 - 9 所示。

　　第三步:添加直线(Line)和球(Circle)控件及方向按键。

　　首先添加一个"Line"控件,命名为"line1",设置合适的位置、长度、颜色等参数,如图 4 - 10 所示。

　　添加"Circle"控件,命名为"circle1",设置颜色、半径、位置等参数,如图 4 - 11 所示。

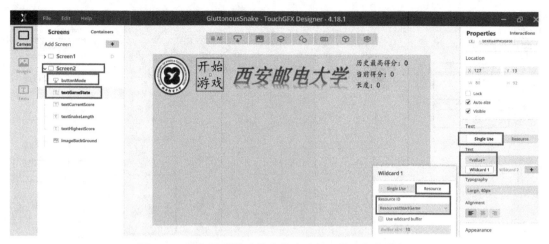

图 4-9　添加显示游戏状态的文本框和模式切换按键

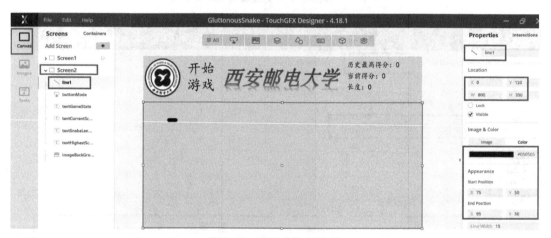

图 4-10　添加"Line"控件

图 4-11　添加"Circle"控件

添加 4 个"Button"控件，分别命名为"buttonUp""buttonDown""buttonLeft""button-

Right",用来控制贪吃蛇移动的四个方向。按键样式可使用自定义的 PNG 图片,存放在"..\
TouchGFX\assets\images"路径,如图 4 - 12 所示。

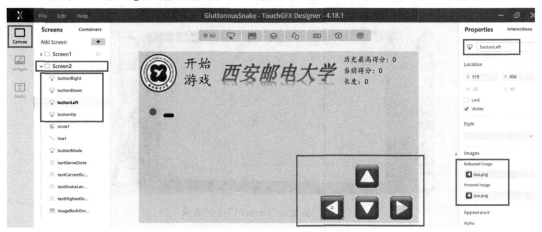

图 4 - 12　添加 4 个方向按键

第四步:添加游戏状态按键以及方向按键的交互响应函数。

添加游戏状态切换按键"buttonMode"的交互,按下按键返回响应函数"functionMode"。

添加上、下、左、右四个方向按键的交互,按下这 4 个方向按键,分别调用虚函数"function-
Up""functionDown""functionLeft""functionRight",如图 4 - 13 所示。

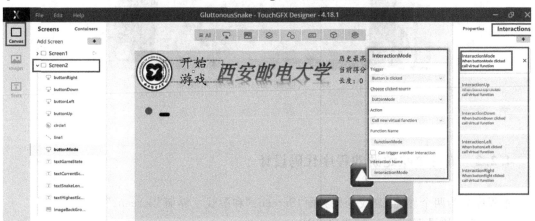

图 4 - 13　添加按键交互响应函数

(4)生成 MDK 工程代码,并编译、下载测试。

第一步:点击 TouchGFX 4.18.1 软件右下角的"Generate Code",生成代码。

第二步:点击 TouchGFX 左下角"Files",进入代码文件夹,并返回上一级目录,使用
CubeMX 打开生成的"STM32F469I_DISCO.ioc"工程。

第三步:在 TouchGFX 的"Projec Manager"工具栏选择"MDK-ARM"工具,点击"GEN-
ERATE CODE",生成 MDK 工程。

第四步:由于 CubeMX 生成代码的过程中,对 TouchGFX 工程的部分源代码做了更新,这
时 TouchGFX 会弹出是否重载代码的对话框,选择"Yes",然后点击其右下角的"Generate

Code"，重新生成代码。

第五步：使用 MDK 打开生成的工程，并编译、下载，查看效果。程序开机界面如图 4-14 所示。

图 4-14 贪吃蛇"Screen1"界面效果

点击"开始游戏"按键，切换到游戏界面，如图 4-15 所示。

图 4-15 贪吃蛇"Screen2"界面效果

4.2.2 简易贪吃蛇游戏程序代码设计

本程序分为两个界面，游戏开始界面"Screen1"和游戏主界面"Screen2"。

(1)游戏开始界面"Screen1"代码设计。

在"Screen1"界面，点击"buttonStartGame"按键，游戏开始，切换到游戏界面"Screen2"；点击"buttonMode"按键，调用"funcChangeMode"函数，切换到"Screen1"并显示游戏难度。

第一步：在"Screen1View. hpp"文件，添加成员函数"ButtonText"及"buttonMode"按键的交互响应函数"funcChangeMode"的声明，显示游戏难度，如图 4-16 所示。

第二步：在 Screen1View. cpp 文件中，添加 TouchGFX 自动生成的头文件"TextKeysAndLanguages. hpp"，声明难度等级变量"x"。该头文件内声明了前期创建的文本资源，如图 4-17 所示。

第三步：编写 ButtonText()与 funcChangeMode()函数代码，用来显示和切换难度，如图 4-18所示。

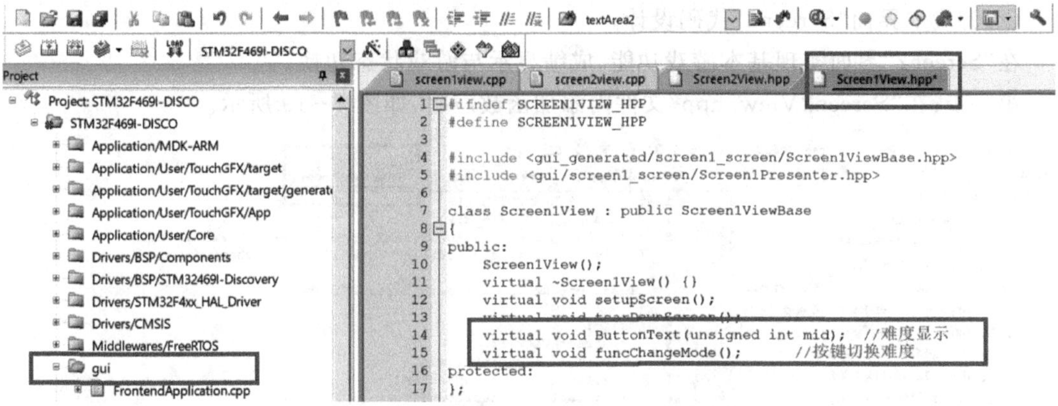

图 4-16　在"Screen1View.hpp"添加成员函数

图 4-17　添加头文件、声明变量

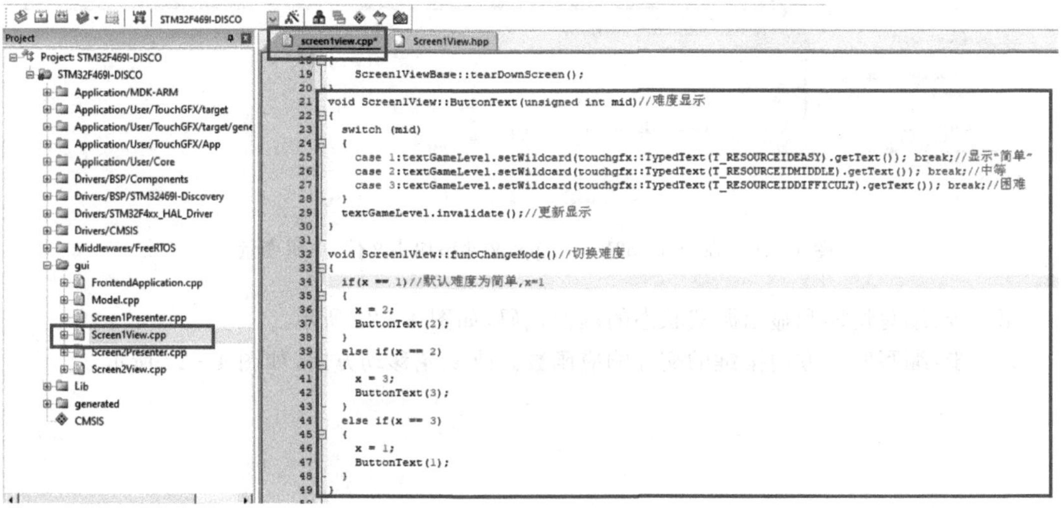

图 4-18　切换和显示难度代码

（2）游戏主界面"Screen2"代码设计。

在"Screen2"界面实现基本游戏功能、成绩显示与游戏状态切换。

第一步：在"Screen2View.hpp"文件内添加函数声明，如图 4-19 所示。

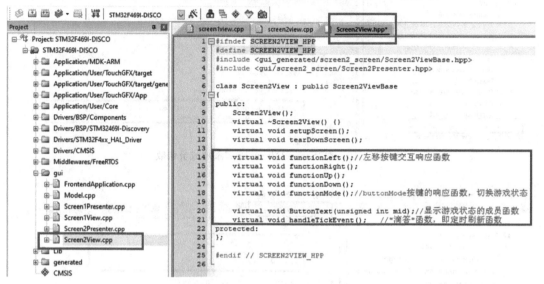

图 4-19　在"Screen2View.hpp"声明成员函数

第二步：在"Screen2View.cpp"添加所需头文件、声明变量，如图 4-20 所示。

图 4-20　在"Screen2View.cpp"文件添加头文件、声明变量

第三步：编写切换和显示游戏状态的函数代码，如图 4-21 所示。

第四步：编写四个方向按键的交互响应函数。改变蛇移动方向，如图 4-22 所示。

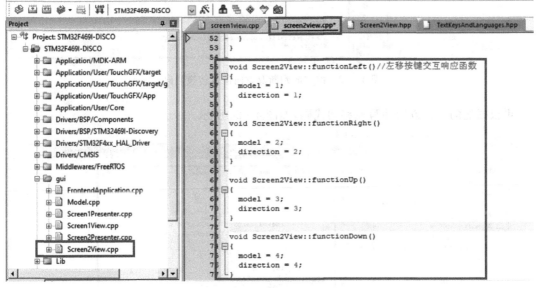

图 4-21　游戏状态显示和切换代码

图 4-22　蛇移动方向切换代码

第五步：在定时刷新函数"handleTickEvent()"中实现游戏基本功能。

定时刷新函数中需要编写蛇移动方向改变、蛇移动与蛇吃小球判断代码。首先进行位置初始化，代码如下。

```
int linePosStartX,linePosStartY,linePosEndX,linePosEndY;    //线的起始位置点
static int circleCenterPosX,circleCenterPosY;               //球心位置点

line1.invalidate();         //线与球刷新
circle1.invalidate();
line1.gerStart(linePosStartX,linePosStartY);    //获取当前线起点的 X、Y 值
line1.gerEndt(linePosEndX,linePosEn在Y);        //获取线终点 X、Y 值
```

53

circle1.getCenter(circleCenterPosX,circleCenterPosY);   //获取球的 X、Y 值

然后编写蛇移动方向判断及方向位置转换代码，如图 4-23 所示。

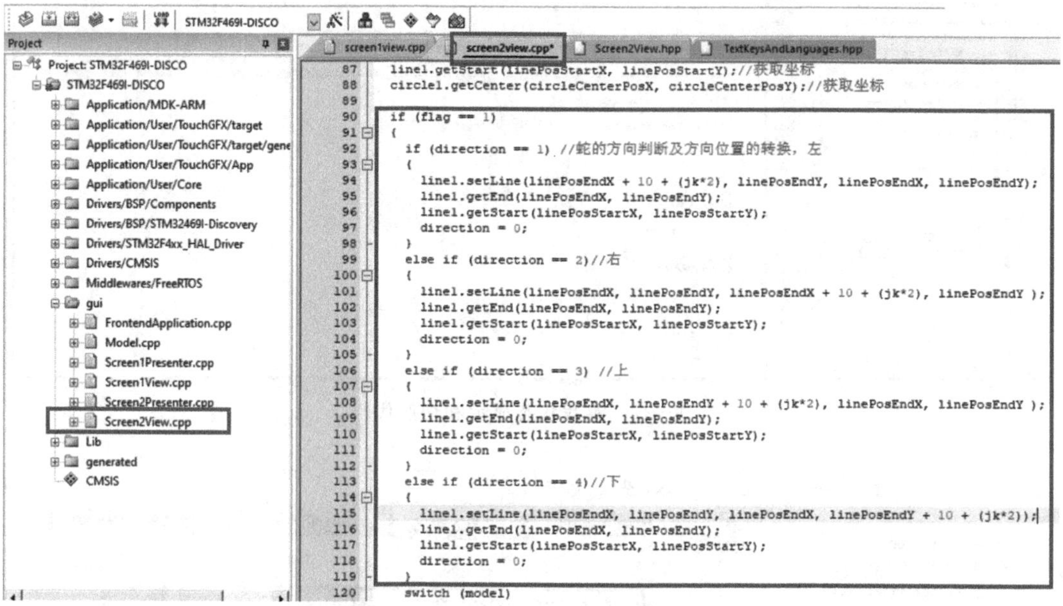

图 4-23 蛇方向判断及方向位置转换代码

再根据蛇的移动方向编写蛇移动代码，如图 4-24 所示。

图 4-24 蛇移动代码

以上代码只有左移部分，其他三个方向的代码请读者自行补全。注意，屏幕分辨率为 800 像素×480 像素，屏幕左上角坐标是(0,0)，右下角坐标是(800,480)。

编写判断蛇是否吃到球的代码，以及刷新显示得分代码，如图 4-25 所示。

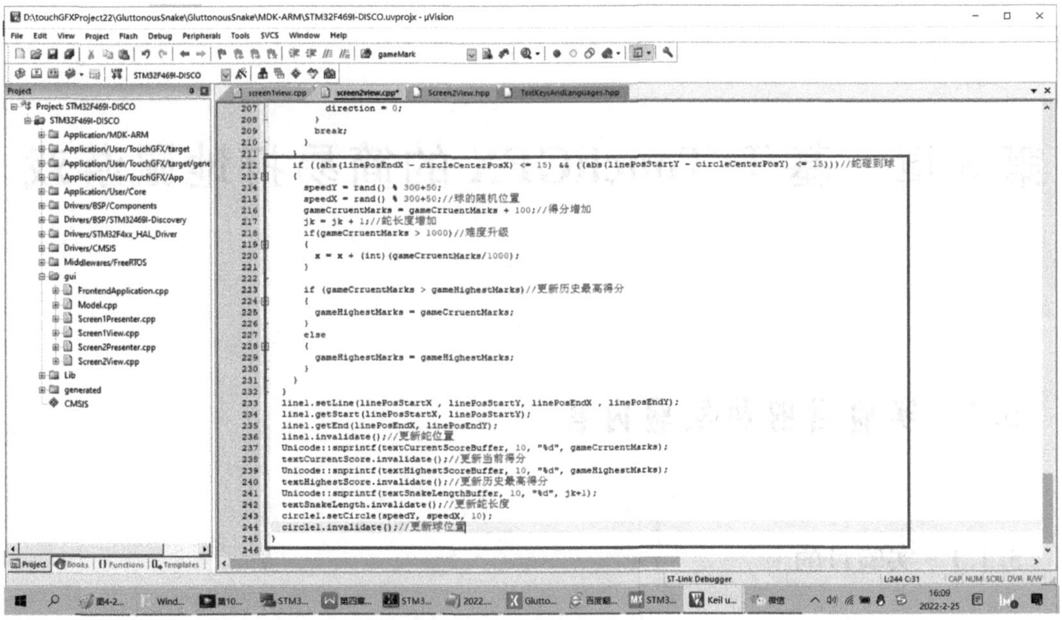

图 4-25 蛇吃小球判断

（3）程序编译、下载，测试游戏功能。

4.3 本章作业

（1）学习 TouchGFX 4.18.1 中的"RadioButton Example"，修改当前程序，通过"RadioButton"控件实现难度选择功能。

（2）学习 TouchGFX 4.18.1 中的"Scroll Wheel and List Example"，通过"Scroll Wheel"或"Scroll List"下拉框控件实现难度选择功能。

（3）参考第 11 章和第 12 章内容，学习 STM32Cube_Fw_F4 固件包中"Audio_playback_and_record"和"BSP"例程，为当前程序增加音频功能，当用户点击按键、游戏得分、游戏失败、游戏重新开始时，开发板通过音频接口输出不同声音，可以使用耳机或扬声器播放声音。

（4）本例程单片机掉电之后，历史最高分将清零。读者可使用掉电不丢失数据的存储器 EEPROM，来存储历史最高得分。EEPROM 的用法，可参考 STM32Cube_FW_F4 固件中".. \Projects\STM32469I-Discovery\Applications"目录下的"EEPROM"文件夹里面的示例工程。

（5）读者也可以使用 SD 卡或者 U 盘作为存储器，存储历史最高得分和部分参数。两种存储器的用法，可参考 STM32Cube_FW_F4 固件包中".. \Projects\STM32469I-Discovery\Applications"目录下的相关示例程序文件夹，也可以参考本书第 12 章"音频播放器"中介绍的 SD 卡的读写方法。

第 5 章　基于 TouchGFX 的简易打地鼠游戏

5.1　实验目的和实验内容

5.1.1　实验目的

本次实验中读者可学习 TouchGFX 软件自带的"Line and Circle Example",复习文本显示区(textAera)、带标记的按键(buttonWithLabel)、线(Line)、对话窗口(ModalWindow)等控件的使用方法,通过设计简易打地鼠游戏,加深对人机交互设计的理解。

5.1.2　实验内容

本实验拟使用 TouchGFX 软件设计一款打地鼠小游戏,实现显示开始游戏、当前得分、最高得分、重新开始游戏等基本功能。本章基本实验要求预计 4~8 学时,作业 8~16 学时,读者可根据教学计划和自身基础来灵活安排。

基本实验要求:

(1)设计打地鼠游戏,若在地鼠出现的时候成功击打到地鼠,得分加 1,血量值不变,主界面能实时显示当前得分以及血量值。

(2)若在地鼠消失之前未击打到地鼠,得分不变,血量值减 1,当血量值减到 0 时判断游戏失败,弹出窗口,显示当前得分,并可以点击按键重新开始游戏,得分清零,更新最高得分。

5.2　打地鼠游戏程序设计

5.2.1　简易打地鼠游戏 UI 设计

1. 游戏开始界面设计

第一步:新建工程。

打开 TouchGFX 4.18.1 软件,选择应用模板为"STM32F469I Discovery Kit",选择 UI

TEMPLATE 为"BlankUI"。打开工程路径,在工程路径下的".. \TouchGFX\assets\images"路径,复制游戏中所需插入的图片,图像分辨率最大为 800 像素×480 像素,图片格式必须为 PNG 格式,路径文件中除了 PNG 格式的照片外不能有任何其他格式的文件,然后设计游戏背景图片。

第二步:添加"开始游戏"按键。

新建工程后,默认的屏幕界面为"Screen1"。在该界面添加一个"button With Label"控件,作为"游戏开始"按键,命名为"buttonStartGame"。更改控件上文本显示内容、字体大小,将"游戏开始"按键拖到合适的位置。为了能让系统正确显示中文,还需要将字体改为"Kai-Ti",并将范围设置为"0-9,a-z,A-Z",文本显示控件的设置方法参照 2.2.3 节。

然后添加背景图片,命名为"imageStartGame",将"游戏开始"按键拖到背景图片的合适位置,如图 5-1 所示。

图 5-1　开始游戏界面

2. 添加游戏登录窗口

第一步:添加窗口。

添加一个"ModalWindow"控件,命名为"modalWindowLogin"并设置背景图片。在窗口中添加三个文本框控件,分别命名为"textEnterCode""textCodeTrue""textCodeFalse",显示"请输入登录密码""密码输入正确""密码输入错误",用来判断密码输入是否正确。更改字体大小,拖到合适位置,如图 5-2 所示。

第二步:在窗口中添加 10 个密码输入按键。

选择"button With Label"控件,添加 10 个控件,分别命名为"button0"~"button9",如图 5-3 所示。更改控件背景,选择合适的图片,提前将图片保存在".. \TouchGFX\assets\images"路径下。需要两张控件背景图片,一张是按键未按下时的背景,另一个是按键按下时的背景,如图 5-4 所示。

第三步:添加数字按键的交互响应函数。

当用户点击数字按键的时候,需要调用消息响应函数来响应这个交互操作,判断输入数字是否与存入的密码一致。

本例程有"button0"~"button9"共 10 个按键,应添加 10 个交互"Interaction0"~"Inter-

图 5-2　添加密码输入窗口

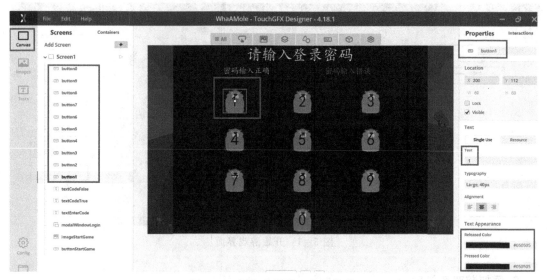

图 5-3　添加密码输入按键控件

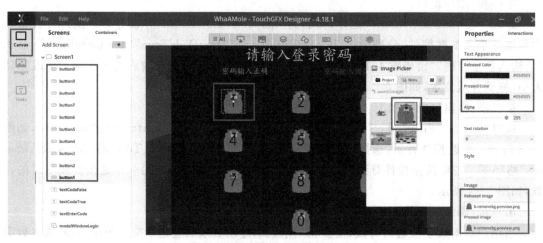

图 5-4　设置输入按键控件图片

action9",相应的消息响应函数分别命名为"function0"~"function9",如图 5-5 所示。

图 5-5　添加密码输入窗口中按键的交互

第四步:将文本提示密码输入的显示框和"button0"~"button9"拖入登录窗口"modal-WindowLogin"目录之下,作为窗口的一部分,如图 5-6 所示。

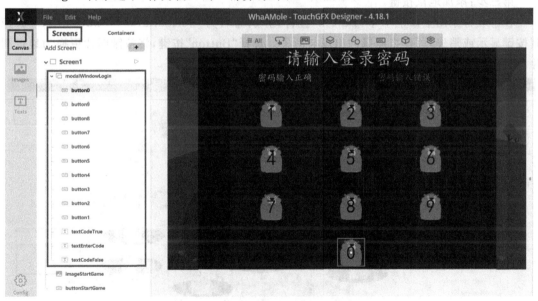

图 5-6　将按键和文本框拖入登录窗口

3. 游戏界面设计

第一步:新建一个界面"Screen2"。

点击 TouchGFX 界面左上角"+"按键(Add Screen),点击新建界面,默认命名为"Screen2",添加背景图片,用作游戏背景图。

第二步:添加显示当前得分、历史得分、血量的 textAera 控件。

添加三个文本显示框，分别用来显示当前得分、历史最高得分、血量，命名为"textCur-rentScore""textHistoryScore""textCurrentBlood"，并拖到合适位置。这三个文本框中必须显示变量值，在游戏过程中不停刷新。设置变量缓存为固定的 10 个字节，初始值为 0，如图 5-7 所示。

图 5-7　添加显示得分和血量的文本显示框

第三步：添加地鼠按键。

在游戏背景图上添加 7 个"Button"控件，分别命名为"buttonRat1"～"buttonRat7"。控制按键显示或消失，可模拟地鼠的出现与消失。选择"Button"按键，将按键图片更换为地鼠图片，放在背景图对应的位置处，如图 5-8 所示。

图 5-8　添加地鼠按键

第四步：添加地鼠按键的交互响应函数。

当用户点击地鼠按键的时候，程序需要响应交互操作，判断是否成功打到地鼠，总共 7 个地鼠按键，因此需要添加 7 个交互响应函数。

交互响应函数的逻辑是，若在地鼠消失之前打到地鼠积分加 1，血量值不变；若未打到地鼠血量值减 1，积分不变。

　　所有地鼠按键初始化的时候,应该隐藏,否则在游戏开始后,地鼠会全部显示,无法进行游戏操作,如图 5-9 所示。

图 5-9　在 TouchGFX 中初始化隐藏地鼠按键控件

　　后期也可以在代码中,使用".setVisible(false)"语句来隐藏。

　　第五步:添加游戏失败后弹出的窗口。

　　当游戏失败后,需要弹出窗口,显示最终得分,并终止游戏。用户点击"重新开始"按键之后,弹出窗口消失,当前游戏分数清零,开始下一局游戏。

　　添加游戏失败后弹出的"modalWindow"控件,命名为"modalWindowFail"。该窗口只有在游戏失败后,才显示为可见。在游戏进行过程中,都保持隐藏。对话框的背景图片,用户可以自行设置,如图 5-10 所示。

图 5-10　添加游戏失败后弹出的窗口

　　在游戏失败后弹出的窗口中,添加显示"本局游戏得分"和"历史最高得分"的文本框控件(textAera),以及"重新开始"按键控件(Button),分别命名为"textGameScore""textHighestScore""buttonRestart"。注意文本框含有变量,需要设置固定缓存为 10 个字节,与本章前述方法一致。"buttonRestart"透明度属性设置为 0。

61

添加显示"重新开始"的文本框控件"textRestart"，放置到合适的位置，如图 5-11 所示。

图 5-11　添加显示得分的文本显示区及重新开始按键

"textGameScore""textHighestScore""buttonRestart""textRestart"控件只有在游戏失败窗口弹出之后才显示，用鼠标将它们移到"modalWindowFail"窗口目录之下，并将这个窗口属性设置为默认隐藏，如图 5-12 所示。

图 5-12　设置窗口隐形并将专属控件移到其目录下

第六步：添加"modalWindowFail"中"buttonRestart"按键的交互响应函数。

按照前述方法，为该"buttonRestart"按键添加一个交互"InteractionRestart"，当用户点击该按键的时候，调用函数"functionRestart()"，重新开始游戏，并将窗口"modalWindowFail"隐藏。

第七步：按照前述方法，在"Screen2"界面添加"buttonRat1"～"buttonRat7"的交互，分别命名为"InteractionRat1"～"InteractionRat7"，相应交互响应函数分别命名为"InteractionRat1"～"InteractionRat7"，如图 5-13 所示。

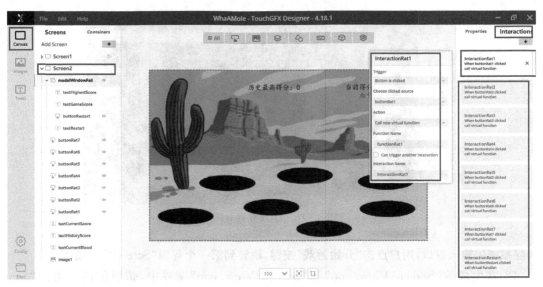

图 5 - 13　添加"Screen2"的交互

第八步:在"Screen1"界面添加"buttonStartGame"按键的交互,命名为"InteractionStart-Game",用户点击该按键后,切换到"Screen2",开始游戏,如图 5 - 14 所示。

图 5 - 14　添加"buttonStartGame"按键的交互

第九步:使用 2.2.3 节的方法,生成 MDK 工程代码,编译、下载,查看 UI 效果,如图 5 - 15 所示。

5.2.2　简易打地鼠游戏程序代码设计

本程序主要由 3 部分实现功能:

(1)开机后进入第一个界面"Screen1",用户输入登录密码,程序判定密码是否正确,正确之

图 5-15　GUI 界面效果

后,隐藏密码输入窗口,用户点击"开始游戏"按键,跳转到第一个界面"Screen2",开始游戏。

(2)在生成的"Screen1View. cpp"和"Screen2View. cpp"文件中,仿照前面学习的"Line and Circle Example"UI template,添加周期性执行的函数"handleTickEvent()",执行周期和屏幕刷新频率一致,约 50 Hz。

在"Screen1View. cpp"中根据输入的密码是否正确,给出判断标志并更新显示。在"Screen2View. cpp"中用户每次成功击打到地鼠后,增加得分变量,并更新游戏得分显示,若未击打到出现的地鼠,血量值减少。

另外,在"handleTickEvent()"函数中,定时判断游戏是否失败,如果血量值为 0,则弹出窗口,显示游戏失败。

(3)完善"重新开始"按键的交互响应函数,实现重新开始游戏功能。读者可以按照设计思路,参考以下代码逐步实现。

第一步:使用 MDK 打开生成的工程,查看工程路径下"gui"目录下面的"Screen1View. cpp",打开其包含的头文件"Screen1View. hpp",在头文件中添加定时刷新函数"handleTickEvent()"和 10 个密码输入按键交互响应函数"function0()"～"function9()",如图 5-16 所示。

图 5-16　在"Screen1View. hpp"添加所需的交互函数

同样,在"Screen2View. hpp"头文件中添加定时刷新函数"handleTickEvent()","重新开始"按键的交互响应函数"functionRestart()",以及 7 个地鼠按键的交互响应函数"functionRat0()"~"functionRat7()",如图 5-17 所示。

图 5-17　在"Screen2View. hpp"中添加按键交互响应函数

第二步:在"Screen1View. cpp"设置"Screen1"界面中所需变量,其中"button"用来记录密码按键的输入值,"Falg1"用来标识游戏状态。

编写按键"button0"~"button9"的交互响应函数"function0()"~"function9()",如图 5-18 所示。

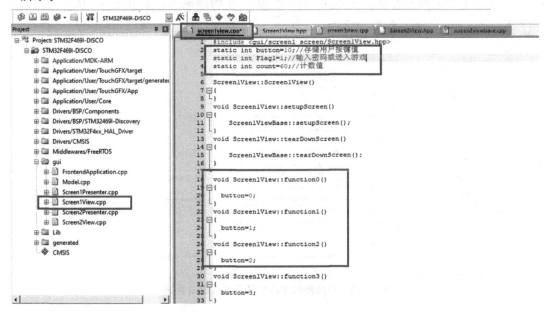

图 5-18　在"Screen1View. cpp"中定义变量,编写交互响应函数

第三步:定期刷新函数的代码。

在"handleTickEvent()"中根据"Flag1"的值判断游戏是否开始，进而继续判断密码是否输入正确，如图 5-19 所示。

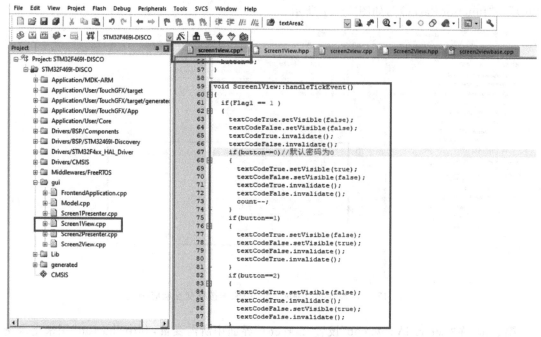

图 5-19　判断登录密码是否输入正确

如果输入密码正确（默认密码为"0"），则隐藏登录窗口，显示"进入游戏"界面，用户点击之后，可进入"Screen2"游戏界面。"handleTickEvent()"中的判断代码如图 5-20 所示。

图 5-20　登录密码正确则显示进入游戏界面

由于游戏中地鼠出现的位置是随机的，在程序中可使用"stdlib"库中的"rand()"随机函数来实现，需要在"Screen2View.cpp"中包含头文件"stdlib.h"，并定义程序所需的变量，添加按键"buttonRat0"～"buttonRat9"的交互响应函数"functionRat0()"～"functionRat9()"，如图

5 – 21 所示。

图 5 – 21　在"Screen2View.cpp"中定义变量并添加交互响应函数

在"handleTickEvent()"中,使用"rand()"函数产生随机数,对 7 进行取余,余数就是地鼠出现的编号,代码如图 5 – 22 所示。

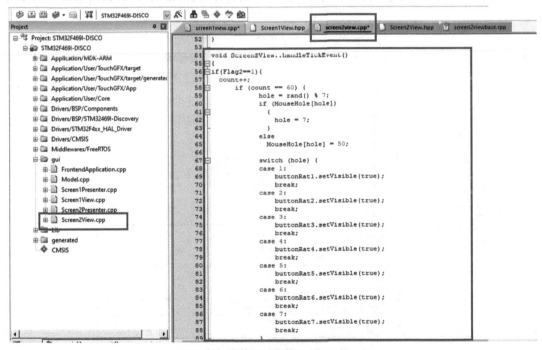

图 5 – 22　游戏开始随机出现地鼠函数

地鼠出现后，击打地鼠，也就是对应的地鼠按键被按下，需要判断屏幕显示的按键是否被按下，在 for 循环中使用 switch-case 语句进行判断，如图 5-23 所示，若击打中，累计积分加 1，若在地鼠消失之前未被打中，则血量值减 1。

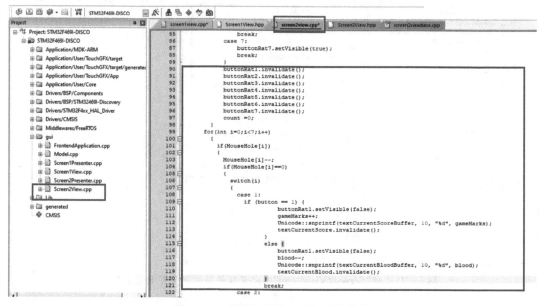

图 5-23　判断地鼠是否被打中的代码

如果血量为 0，则弹出窗口，显示当前得分和最高得分，宣告游戏失败，代码如图 5-24 所示。

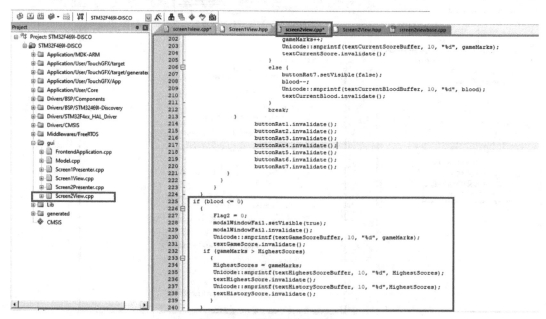

图 5-24　判断游戏是否结束

点击游戏失败窗口的"重新开始"按键，重新开始游戏，代码如图 5-25 所示。

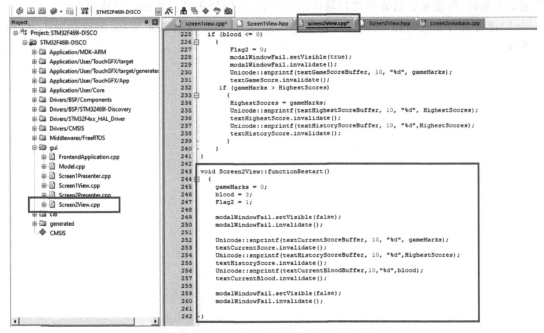

图 5-25　重新开始按键的交互响应函数

第四步：程序编译、下载，测试游戏功能。

5.3　本章作业

（1）修改程序代码，实现地鼠出现与消失的速度每隔 10 s 增加 5%，或者得分每增加 100，速度增加 10%。

（2）开机界面可实现游戏模式选择，不同模式下地鼠的闪现速度不同，对应于游戏的难度不同。学习 TouchGFX 4.18.1 中的"RadioButton Example"，修改当前程序，通过"RadioButton"控件实现难度选择功能。

（3）学习 TouchGFX 4.18.1 中的"Scroll Wheel and List Example"，通过"Scroll Wheel"或"Scroll List"下拉框控件实现难度选择功能。

（4）本例程单片机掉电之后，历史最高分将清零。读者可使用掉电不丢失数据的存储器 EEPROM，来存储历史最高得分。EEPROM 的用法，可参考 STM32Cube_FW_F4 固件中"..\Projects\STM32469I-Discovery\Applications"目录下"EEPROM"文件夹中的示例工程。

（5）读者也可以使用 SD 卡或者 U 盘作为存储器，存储历史最高得分和部分参数。两种存储器的用法，可参考 STM32Cube_FW_F4 固件包中"..\Projects\STM32469I-Discovery\Applications"目录下的相关示例程序文件夹，也可以参考本书第 12 章"音频播放器"中介绍的 SD 卡的读写方法。

（6）参考第 11 章和第 12 章内容，学习 STM32F4 固件包中"Audio_playback_and_record"和"BSP"例程，为当前程序增加音频功能，当用户点击按键、打中地鼠游戏得分、游戏失败、游戏重新开始时，开发板通过音频接口输出不同声音，可以使用耳机或扬声器播放声音。

（7）读者自行修改例程，为游戏添加特色功能，使得程序界面美观流畅，游戏功能丰富、趣味性强。

第6章 基于 TouchGFX 的简易数据采集记录仪

6.1 数据采集记录仪简介

数据采集记录仪用来连接不同的传感器和测量仪器进行自动数据采集(如数显卡尺、百分表、高度计、测厚仪、电子称、拉力计等),不再需要人工录入数据,节约人力成本,而且可以减少由于人工录入所导致的错误,从而整体提高生产过程中的工作效率。

如图 6-1 和图 6-2 所示,欧米茄(OMEGA)公司某型数据采集记录仪配备 8 个输入通道,可同时测量电流、电压、温度,为用户提供实时数据,无需使用计算机,用户可以在触摸屏上以表格或图形的方式查看所有数据。典型应用场景包括:

(1)工业现场过程监控;

(2)机器效率研究;

(3)多用途实验室和研发应用。

图 6-1 OM-DAQPRO-5300 型手持式数据采集记录仪

OM-DAQPRO-5300 型数据采集记录仪主要功能和参数如下:

◆8 通道数据记录——电压、电流、PT100 RTD 热电偶、热敏电阻、频率/脉冲信号;

◆16 位采样分辨率;

◆采样速度——每秒采集多达 4000 次(单通道爆发模式);

图 6-2　某型手持式数据采集记录仪

◆大存储容量——512 KB RAM；
◆图形显示屏——将所采集数据显示为测量值、图形或表格；
◆多个记录数据组——最多可存储 100 个记录数据组。

6.2　实验目的和实验内容

6.2.1　实验目的

本次实验使学生掌握通过 CubeMX 配置通用输入输出（GPIO）、定时器、ADC、DMA 等外设资源的方法，了解 TouchGFX 4.18.1 软件中 Dynamic Graph 控件的使用方法，掌握使用 EEPROM 进行数据存、取的方法，掌握模拟开关、常用信号放大电路的设计方法。

6.2.2　实验内容

使用 STM32F469I-DISCO 开发板，设计简易数据采集记录仪。本实验分基本实验要求和扩展实验要求，基本实验要求 4～8 学时，扩展实验要求（作业）24～32 学时，由老师根据课程设计的教学计划及学生基础来自行把握，部分程序编写可以让学生线上学习。

基本实验要求如下：

使用 TouchGFX 4.18.1，设计"数据采集"页面，将 AD 转换的数据进行图形显示，并编写"暂停"按键、"数据存储"按键的消息响应函数，采样频率最高可达 2.4 MHz，单次采样数据量最高可达 1000 个点。

6.3　简易数据采集记录仪基本程序设计

6.3.1　学习 DynamicGraph Example UI template

(1)打开 TouchGFX 4.18.1 软件,选择"应用模板""STM32F469I Discovery Kit",选择 UI TEMPLATE 为"DynamicGraph Example UI template",新建工程。

(2)进入编辑界面,查看"DynamicGraph"UI 模板,包含了四个主要控件:滚动工具条 (sliderResolution)、动态图(graph)、动态图背景(graphBackground)、整体背景(background), 下面逐一说明,如图 6-3 所示。

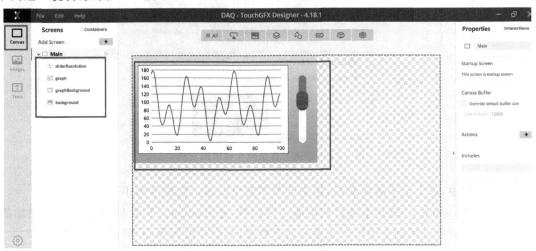

图 6-3　"DynamicGraph"UI 模板界面

①滚动工具条(sliderResolution)。可以点击左上角"sliderResolution"左边的图标,打开 在线文档,查看"Slider"滚动条控件的功能及使用方法,如图 6-4 所示。

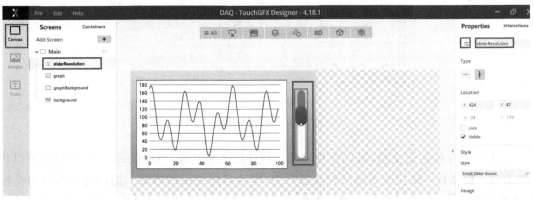

图 6-4　滚动工具条

从在线文档可知，滚动条控件主要功能："滚动条使用三个图像来显示，拖动滚动条可以修改回调函数的返回值，该值为整型数，范围默认为 0～100。"在线文档给出了该控件的动画演示以及调用方法，在线文档如图 6-5 所示。

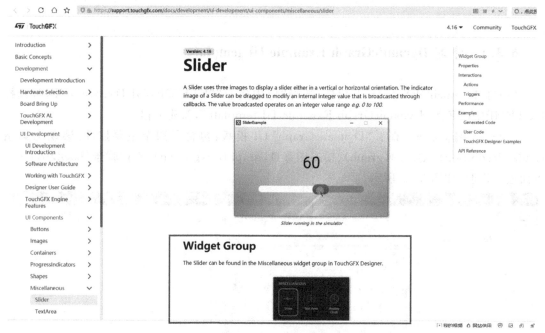

图 6-5　滚动工具条的在线说明文档

在本示例中，这个水平的滚动条，用来调节图形纵向显示区域的大小。

②动态图（graph）。这是本项目使用的主要控件，是 TouchGFX 4.15 及以上版本增加的新功能。该控件可以用动态图形方式展示动态数据，类似示波器界面，如图 6-6 所示。

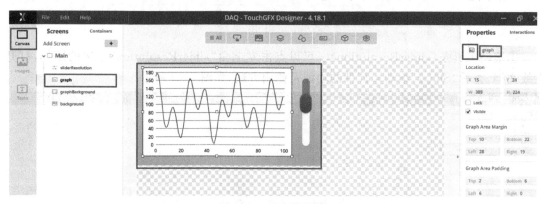

图 6-6　动态图控件

点击该控件的在线文档，可以查看动态图控件的主要功能："Dynamic Graph 控件可以在 x 轴上显示数据点。该控件支持三种动态行为，即动态图展示的方式。选择的动态行为会极大地影响动态图的性能。"在线文档详细描述了该控件的主要功能及使用方法，还提供了动画演示，请读者自行查看。在线文档如图 6-7 所示。

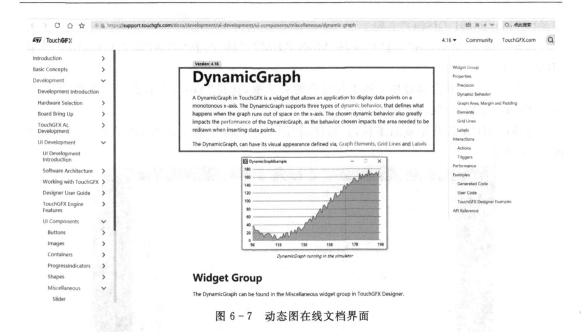

图 6-7　动态图在线文档界面

③动态图背景(graphBackground)。该控件选用的是"BOX WITH BORDER",可以设置box 颜色、边界颜色等模式,可以通过鼠标对 graphBackground 拖拉拽,调整大小和位置。

④整体背景(background)。这是该模板的背景图,读者可以自行更改合适的背景图,使得背景图的分辨率与开发板适配(800 像素×480 像素)。调整 sliderResolution、graph 和 graphBackground 控件大小和位置,使显示的内容和显示器适配,如图 6-8 所示。

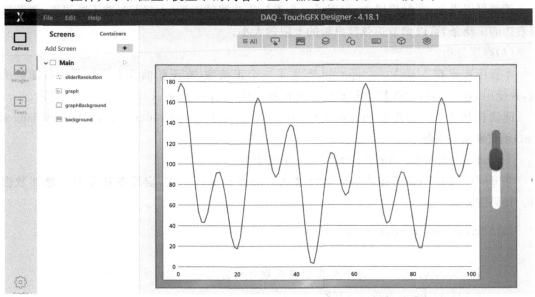

图 6-8　调整后的动态图界面

(3)生成 MDK 工程代码,并编译、下载。

①点击软件右下角的"Generate Code",生成代码。

②点击左下角"Files",进入代码文件夹,并返回上一级目录,使用 CubeMX 6.40 打开生

成的"STM32F469I_DISCO"工程。

③在"Projec Manager"工具栏选择"MDK-ARM"工具，点击"GENERATE CODE"，生成 MDK 工程。

④TouchGFX 软件会弹出是否重载代码的对话框，选择"Yes"，然后点击右下角的"Generate Code"，重新生成代码。

⑤使用 MDK 打开生成的工程，并编译，使用 ST-Link 下载生成的 HEX 文件，效果图如图 6－9 所示。

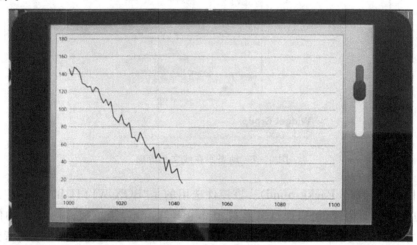

图 6－9 动态图下载效果

读者可以发现，在触摸屏中，出现了一个类似正弦波的图形（不规范），并不断更新，调节屏幕右边的滚动条，可以调节正弦波纵轴的上限的大小。

（4）程序分析。

本程序主要在 MainView. cpp 中，产生了一个正弦波，在正弦曲线上添加了一些随机的点，并使用 DynamicGraph 控件显示这个正弦波。打开 MainView. cpp，如图 6－10 所示。

阅读代码发现，主要由 randomish（int32 _ t）、handleTickEvent（）、sliderValueChanged（int）函数来实现功能。

①randomish(int32_t)的作用是产生一个随机数。

②handleTickEvent()在液晶屏幕每次刷新的时候执行一次，定期在正弦波上增加数据点。代码注释如下：

```
void MainView:.handleTickEvent()
{
    tickCounter + + ;//每个屏幕刷新周期计数器加一
    // Insert each second tick
    if (tickCounter % 2 = = 0)//每两个屏幕刷新周期执行一次
    {
//取得当前 graph 对象的 y 轴的最大显示范围
        float yMax = graph.getGraphRangeYMaxAsFloat();
```

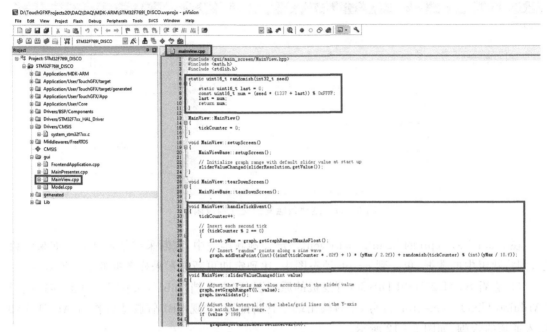

图 6-10　使用 MDK 打开 MainView.cpp 文件

```
    graph.addDataPoint((int)((sinf(tickCounter * .02f) + 1) * (yMax / 2.
2f)) + randomish(tickCounter) % (int)(yMax / 10.f));
    }
}
```

graph.addDataPoint()函数每次给 graph 对象增加一个数据点,数据主要来自于正弦波 sinf 函数,并加上了随机函数 randomish 产生的随机值,所以曲线并非标准正弦波。查看"动态图(DynamicGraph)控件"在线文档,或者 TouchGFX 的数据手册"touchgfx-documentation" 1398 页,了解 graph.addDataPoint 函数的介绍:"int16_t addDataPoint(int y) Adds a new data point to the end of the graph."。

该函数的作用是在 graph 的结尾增加一个新的数据点,它是继承自 AbstractDataGraphWithY 类的公有函数。详细说明参见在线文档或数据手册 1397~1398 页。

③MainView::sliderValueChanged(int value)是用户滑动 sliderResolution 滚动条时触发的消息响应函数,作用是调节正弦波纵轴的上限的大小,返回值为滚动条的值,在 TouchGFX 中可以查看该交互,如图 6-11 所示。消息响应函数中涉及的动态图设置的相关函数,读者可以查看数据手册或在线文档详细了解。

6.3.2　数据采集界面设计

修改上一节的动态图例程,将 AD 采样结果定时更新到 graph 上显示。

程序逻辑:通过 CubeMX 配置 ADC,通过直接存储器访问(direct memory access,DMA) 方式,将 AD 采样的数据存储在数组中,存储数量达到规定的值后,产生 DMA 中断。

77

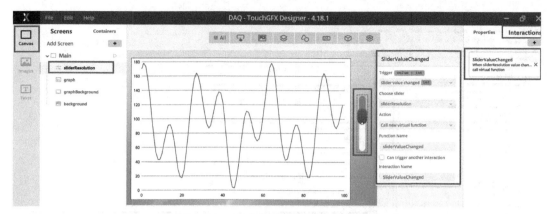

图 6-11 滚动条触发的交互响应函数

在 MainView.cpp 的 handleTickEvent()定期刷新函数中，判断采样是否结束。如果结束了，则将数组中的数据，更新到 graph 动态图中，达到定期更新显示采样数据的示波器效果。

（1）查看 STM32F469I-DISCO 开发板的原理图（官方文档"mb1189.pdf"），找到连接端子"Arduino UNO connector"部分，了解输出端子管脚配置，发现 PB1 管脚适合作为 ADC1_IN9 输入通道的管脚，如图 6-12 所示。

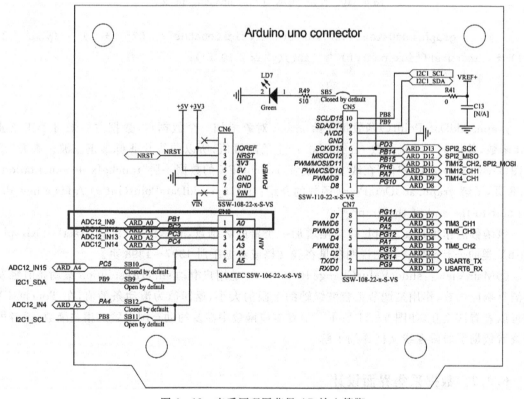

图 6-12 查看原理图获得 AD 输入管脚

（2）打开工程路径下的 CubeMX 工程，并配置 ADC1 的输入为 IN9 通道，DMA 设置为"从外设到内存（Peripheral To Memory）"，优先级可以设置为高（High），如图 6-13 所示。

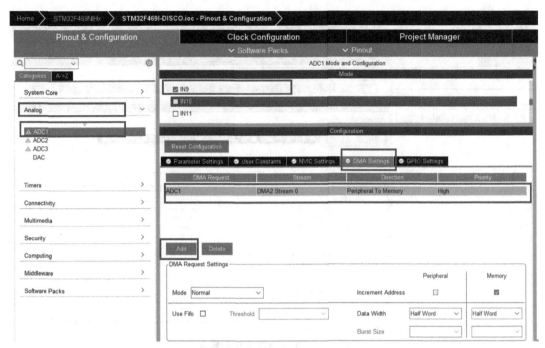

图 6 - 13　设置 DMA 方式将采样结果直接搬运到内存

(3)设置 AD 采样参数。

为得到最高采样频率(2.4 MHz),首先在 CubeMX 的"Clock Configuration"界面,将 PCLK2 设置为 72 MHz(默认为 90 MHz),如图 6 - 14 所示。

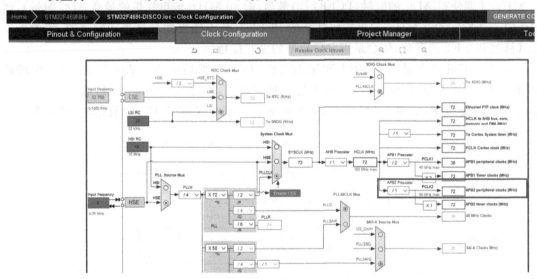

图 6 - 14　设置采样时钟

然后回到 ADC1 的配置界面,对 ADC1 做如下设置,如图 6 - 15 所示。将 ADC 的时钟 (Clock Prescaler)设置为"PCLK2 divided by2",采样精度(Resolution)默认为 12 位(每次转换 需要 15 个时钟),将"Continuous Conversion Mode"设置为"Enable"确保连续采样,并将

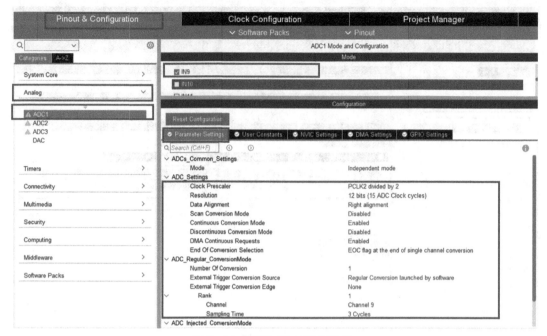

图 6-15　设置 AD 采样参数图

"DMA Continuous Request"设置为"Enable"，确保 DMA 搬运能连续执行。采样时间（Sampling Time）设置为 3 个时钟周期（读者可以选择比较长的采样时间，获得较低的采样频率）。

在本例中，采样频率的计算方式为（PCLK2/2）/15＝2.4 MHz，只有将 PCLK2 设置为 72 MHz，才能使得 ADC 的时钟（PCLK2/2）最高，即 36 MHz（该单片机的最高 ADC 时钟），而默认的 PCLK2 为 90 MHz，如果按照默认的 PCLK2，是不能得到最高采样频率的，读者可以尝试修改 PCLK2 的参数，体会最高采样频率的设置技巧。

（4）点击 CubeMX 右上角的"GENERATE CODE"，然后进入工程文件夹，打开生成的 MDK 工程，点击并打开"main.c"，在用户定义的变量区，增加 AdcConvertedValue 数组和 adcDmaOverFlag 变量，如图 6-16 所示，数组用来存储每次采样的 100 个数据，变量用来确定

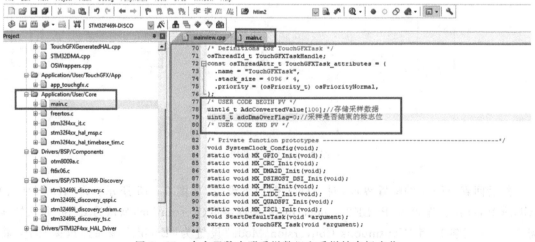

图 6-16　在主函数申明采样数组和采样结束标志位

100 个数据是否已经采样完成。

　　在主函数中,当初始化完成之后,增加 DMA 传输语句,该行程序启动 DMA 传输,将 ADC 采样的数据,无需 CPU 介入,直接搬运到数组中,存储完 100 个数据之后,产生 DMA 中断。在采样存储过程中,数据存储的地址会自动增加,如图 6-17 所示。

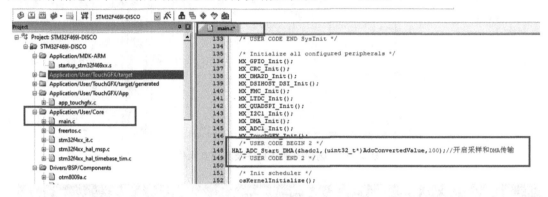

图 6-17　在主函数初始化完成后启动 ADC 的 DMA 传输模式

　　(5)点击并打开中断响应文件"stm32f4xx_it.c",找到 CubeMX 自动生成的 DMA 中断函数,在每次 100 个数据采样完成之后,系统会自动进入这个中断,并执行中断响应函数。在该函数中,将采样结束标志位 adcDmaOverFlag 置为 1,如图 6-18 所示。

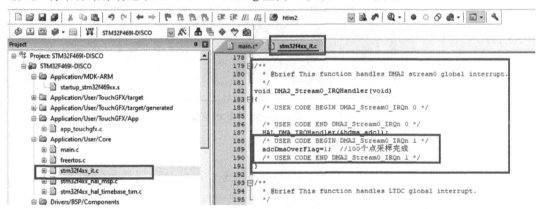

图 6-18　采样结束后进入 DMA 中断响应函数

　　由于 adDmaOverFlag 变量是在"main.c"中定义的,因此在"stm32f4xx_it.c"中使用时,请在该文件的用户变量定义区"/* USER CODE BEGIN EV */"和"/* USER CODE END EV */"之间增加"extern uint8_t adDmaOverFlag;",声明该变量是外部变量。

　　(6)回到 TouchGFX 软件界面,将本程序不需要的滚动条控件及其交互操作删除,如图 6-19 所示。

　　然后设置动态图控件,将图形的显示点数、可见范围设置为 100,并将数据范围更改为 0～4095(本例使用的是 12 位 ADC,采样结果最大为 4095),如图 6-20 所示。

　　(7)点击右下角的"Generate Code",重新生成代码,使用 MDK 重新打开生成的工程,打开"MainView.hpp",将其中滚动条响应函数"sliderValueChanged(int)"删除,如图 6-21

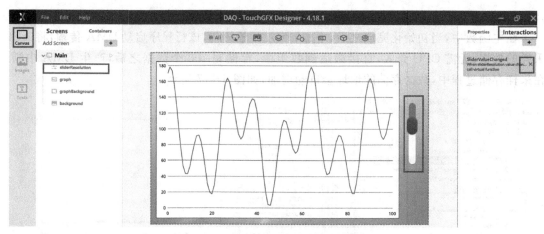

图 6-19　删除滚动条控件及其交互操作

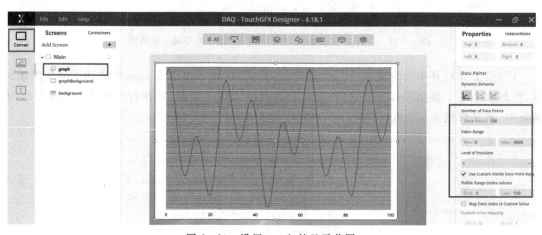

图 6-20　设置 graph 的显示范围

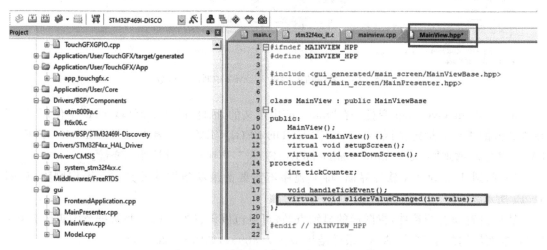

图 6-21　删除滚动条交互操作响应函数

所示。

（8）打开"MainView. cpp"，将其中的滚动条响应函数、随机数发生器函数删除，本例中不需要使用，如图 6-22 所示。

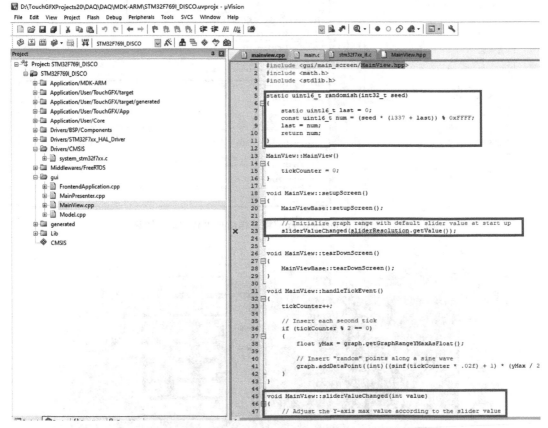

图 6-22 删除滚动条交互操作响应函数和随机函数发生器

然后修改"MainView. cpp"，增加包含文件"main. h"（含 ADC_HandleTypeDef 结构体的定义），增加外部变量"hadc1""AdcConvertedValue[100]""adcDmaOverFlag"声明，这些变量均在 main. c 中定义，如图 6-23 所示。

如图 6-23 所示，在 handleTickEvent() 函数中，每隔 100 个 handleTickEvent 周期（每个周期约 20 ms），查询 DMA 中断标志位 adcDmaOverFlag 是否为 1，如果为 1，则表示 DMA 中断已经产生，100 个点已经采样结束，可以将 100 个采样数据更新到动态图上进行显示。显示完毕之后，将 DMA 中断标志位 adcDmaOverFlag 置为 0，并开始下一轮采样。下一轮新的 100 个采样结果会将存储在数组中旧的采样结果覆盖。

（9）程序编译、下载，在开发板背面的输出端子 PB1（A0）和 GND 管脚上，使用信号源，输入幅值为 3 V、直流偏移为 1.5 V、频率为 100 kHz、占空比为 50% 的方波，如图 6-24 所示。

开发板所显示的动态图如图 6-25 所示。

由图 6-25 可以看出，对于 100 kHz 的输入信号，每个周期约有 24 个采样点，可验证单通道采样频率为 2.4 MHz。

读者可改变输入波形，查看 ADC 采样的波形图，注意信号源给出的电压范围不要超过 0~3.3 V，这是 STM32F469 I-DISCO 开发板的 ADC 输入范围。

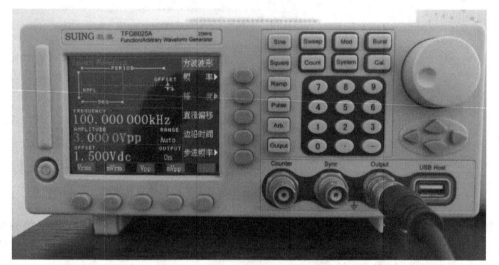

```
1  #include <gui/main screen/MainView.hpp>
2  #include <main.h>
3  extern uint16_t AdcConvertedValue[500];//存储采样数据
4  extern uint8_t adcDmaOverFlag;//采样是否结束的标志位
5  extern ADC HandleTypeDef hadc1;
6  MainView::MainView()
7  { tickCounter = 0;}
8  void MainView::setupScreen()
9  { MainViewBase::setupScreen();}
10 void MainView::tearDownScreen()
11 {
12     MainViewBase::tearDownScreen();
13 }
14 void MainView::handleTickEvent()
15 {
16     tickCounter++;
17     static uint16_t i;
18     float adFloat;
19
20     if ((tickCounter%100 == 0)&&(adcDmaOverFlag==1))//判断采样是否结束
21     {
22     for(i=0;i<100;i=i+1)  //显示100个点
23     {
24     adFloat=(float)AdcConvertedValue[i];//12位数字量0-4095
25     graph.addDataPoint(adFloat);//在图上显示采样点
26     }
27     adcDmaOverFlag=0;//标志位复位
28     HAL_ADC_Start_DMA(&hadc1,(uint32_t*)AdcConvertedValue,100);//重新开始下一轮采集
29     }
30 }
31
```

图 6-23　修改"MainView.cpp"将采样结果更新到动态图显示

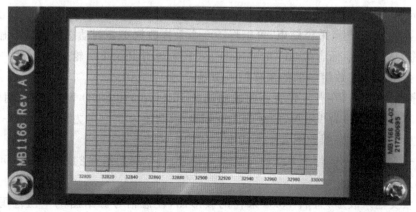

图 6-24　方波信号输入测试图

图 6-25　采样结果显示图

6.4　本章作业

(1)增加"暂停采集"和"继续采集"按键。

思路:在主界面增加 2 个按键,以及对应的消息响应函数,在"MainView.cpp"中,编写消息响应函数,通过设置采集标志位变量,来控制 graph 显示函数"graph.addDataPoint"是否执行,或者控制"HAL_ADC_Start_DMA()"是否启动,来实现暂停采集或继续采集的效果。

(2)修改程序,使得动态图显示的范围为 0~3.3 V,精度为 0.001 V,与实际采样的模拟电压对应。需要在 TouchGFX 界面进行设计,并在"MainView.cpp"文件将采集到的数字量(0~4095,整型)线性转换为(0~3.300,浮点型),并添加纵坐标标尺。TouchGFX 设置如图6-26所示,注意要修改字体为"KaiTi",以便显示汉字。

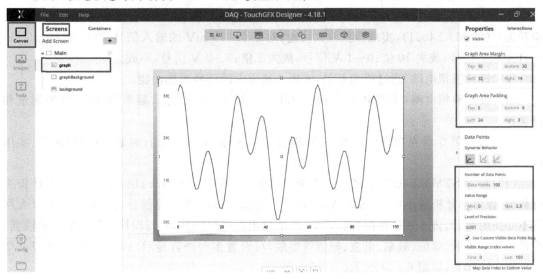

图 6-26　显示采样的模拟电压值

(3)查看编号为"UM1718"的 CubeMX 官方文档"STM32CubeMX for STM32 Configuration and initialization C code generation",修改程序,增加一个输入通道,实现两通道同步采样,并采用不同的颜色,将这两个通道数据在一个图形里面显示。

思路:使用 CubeMX 配置 ADC 和 DMA,可以使用一个 ADC 的两个不同的通道,通过轮询规则转换,将两个通道数据轮流存储到一个数组,再取出显示,这样每个通道的采样频率最高为 2.4 MHz 的一半;也可以增加一个 ADC 和 DMA 通道,实现两个通道独立采样,这样每个通道的最高采样频率仍然为 2.4 MHz。

(4)通过 CubeMX 配置三通道 ADC 复采样设置,实现最高 7.2 MHz 采样频率。

思路:使用三个 ADC,映射到同一个管脚,然后三个 ADC 通道同时以最高采样频率,通过三个 DMA 通道叠加采集同一信号,相当于实现最高采样频率 7.2 MHz。

(5)信号的幅值和频率计算。

使用 MDK 的 DSP 包,通过自带的 FFT 函数计算信号频率,并通过自带的相关函数,实现幅值、最大值、最小值、各次谐波的计算，在主界面通过文本框显示。

（6）"数据存储"设计。

在主界面，增加 1 个按键，以及对应的消息响应函数，在"MainView.cpp"中，编写消息响应函数，实现采样数据存储在 SD 卡或 U 盘中，两种存储器的用法，可参考 STM32Cube_FW_F4 固件中".. \Projects\STM32469I-Discovery\Applications"目录下面的"BSP""Audio"或"FatFs""Display"等例程，学习两种存储器用法。也可以参考第 12 章中 SD 卡的操作方法。

（7）编写"数据查看"页面。

增加一个界面，可以从存储器中读取前期存储的数据，并展示在动态图上。

（8）编写"系统设置"页面。

增加一个界面，通过按键、文本显示框等控件，实现采样频率、采样通道、采样方式等参数设置，并将参数存储在 EEPROM 或 U 盘中，在数据采集主界面，增加 ADC、DMA 的初始化代码，所用参数从存储器中读出。

（9）参考第 9 章，设计 Arduino 接口的程控放大电路扩展板，选用合适的运算放大器和模拟开关（例如 MAX4051），实现程控放大功能，对于 0～10 mV 的输入信号，可以放大 100 倍；0～100 mV 信号，放大 10 倍；0～1 V 信号，放大 2 倍；0～3 V 信号，不放大。

（10）设计模拟电路，通过模拟开关，实现八通道电压信号采集功能。

（11）设计模拟电路，实现电流、PT100 RTD 热电偶、热敏电阻、频率/脉冲信号的测量和记录。

（12）参照第 9 章光功率计封装方法，选择合适壳体，对仪器进行封装，考虑稳定性、实用性、美观性。

（13）参考 STM32F469I-DISCO 开发板的原理图（官方文档"mb1189.pdf"），对设计板进行裁剪，保留单片机最小电路、SDRAM、SD 卡、电源、Flash 等必要部分，去掉 Audio、以太网等不必要的部分，将 4 寸触摸屏更换为 7 寸，增加模拟电路部分，自行设计一款双通道示波器，可显示信号波形、幅值、频率、谐波、峰值等参数，可设置多种语言显示。参考西邮光电专业学生课程设计作品，如图 6-27 所示。

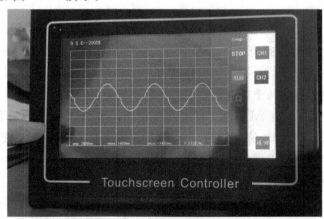

图 6-27 西安邮电大学光电专业学生课程设计作品：基于 TouchGFX 的简易示波器

西安邮电大学光电专业学生作品讲解视频链接：https://www.bilibili.com/video/BV1Ey4y137yW/，仅供大家参考。

第 7 章　基于 TouchGFX 的简易信号发生器

7.1　信号发生器简介

信号发生器是一种能提供各种频率、波形和输出电平电信号的设备。在测量各种电信系统或电信设备的振幅特性、频率特性、传输特性和其他电参数,以及测量元器件的特性与参数时,信号发生器作为测试的信号源或激励源。

信号发生器又称信号源或振荡器,在生产实践和科技领域中有着广泛的应用。能够产生多种波形,如三角波、锯齿波、矩形波(含方波)、正弦波的电路被称为函数信号发生器,因为这些波形曲线均可用三角函数方程式来表示。信号发生器在电路实验和设备检测中具有十分广泛的用途。在工业、农业、生物医学等领域内,如高频感应加热、熔炼、淬火、超声诊断、核磁共振成像等,都需要功率或大或小、频率或高或低的信号发生器。

图 7-1 所示为 TFG6025A 型波形信号发生器,其主要特点如下:

◆5 种内置任意波形,5 种自制波形,可用计算机下载或键盘编辑;

◆具有 FM、AM、PM、PWM、FSK 多种调制功能;

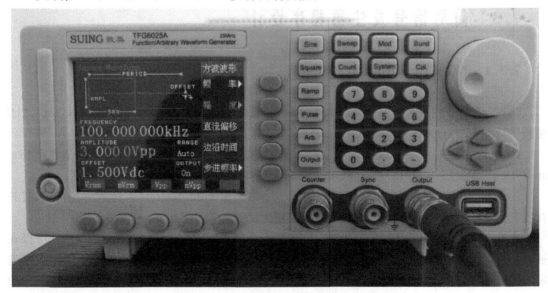

图 7-1　TFG6025A 型信号发生器

◆具有频率扫描、幅度扫描、脉冲串输出功能；

◆脉冲波形可以设置脉冲宽度、占空比、边沿时间；

◆3.5 寸彩色 TFT 液晶显示，清晰美观，中英文菜单。

7.2　实验目的和实验内容

7.2.1　实验目的

通过本次实验，读者可了解常见信号源的原理，掌握通过 CubeMX 配置定时器、DAC、DMA 等外设资源的方法，掌握 TouchGFX 中文本框、按键、滚动条等控件的使用方法，体验通过 TouchGFX 设计简单仪器仪表的方法。

7.2.2　实验内容

使用 STM32F469I-DISCO 开发板，设计简易信号发生器，基本实验要求如下：

（1）使用 TouchGFX 4.18.1，编写程序界面，能输出正弦波、方波、三角波、锯齿波等四种波形，输出频率和输出幅值可以通过触摸屏滚动条调节，信号的最高频率不低于 50 kHz，幅值 3.3 V。

（2）仪器界面能实时显示输出信号的类型、频率、幅值。

本章基础实验内容 4～8 学时，作业内容 16～24 学时，由教师根据教学计划和学生基础酌情确定。

7.3　简易信号发生器程序设计

7.3.1　学习"RadioButton Example"

（1）打开 TouchGFX 4.18.1 软件，选择"应用模板"为"STM32F469I Discovery Kit"，"UI 模板"为"RadioButton Example UI template"，新建工程。

（2）进入如图 7-2 所示编辑界面，查看"RadioButton Example"UI 模板，包含了 4 个"RadioButton"、2 个"TextAera"、"graphBackground"（背景图片）和"Box"（背景）。

①收音机类型按钮（RadioButton）。可以点击右上角 radioButton1 左边的链接按钮，打开在线文档，查看 RadioButton 控件的功能及使用方法。

查看在线文档可以知道，RadioButton 是一个小部件，它可以感知触摸事件，并且可以在被点击时发送回调函数。单选按钮由 4 个图像组成，对应于在按下或释放状态下选定或未选定的按钮，单选按钮可以添加到一个单选按钮组中。同一组的 4 个 RadioButton 中，通过触摸屏，只能选择其中一个。本程序中，用户使用 4 个 RadioButton，来选择输出"正弦波""方波""三角波""锯齿波"中的一种。

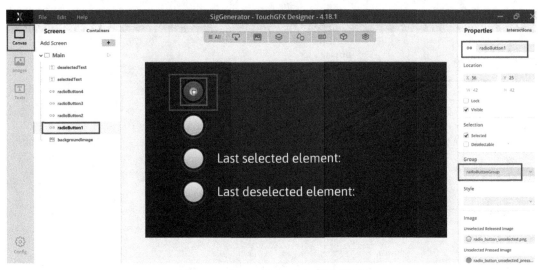

图 7 - 2　"RadioButton"UI 模板界面

使用 TouchGFX 和 CubeMX 生成代码,使用 MDK 将程序编译,并下载到开发板,点击 4 个按钮,查看该实例程序功能。可以发现,每次能点击选中 4 个按钮的其中一个,2 个"TextAera"分别显示当前和上一个选中的按钮编号。

②滚动工具条(Slider)。本程序使用两个滚动工具条来调节输出信号的频率和幅值,添加该控件,如图 7-3 所示。滚动工具条控件的功能及使用方法见 6.3.1 节。

图 7 - 3　添加 Slider 控件

③背景图(backgroundImage)。这是该模板的背景图,读者可以自行选择合适的背景图,使得背景图的分辨率与 STM32F469I-DISCO 开发板适配(800 像素×480 像素)。

7.3.2　单通道信号发生器设计

1.设计单通道简易信号发生器的界面

(1)设置屏幕显示分辨率为 800 像素×480 像素,如图 7-4 所示。

添加另一个"Slider"控件,调整 4 个"RadioButton"控件、2 个"Slider"控件的位置,将两个滚动条命名为"sliderFreq""sliderAmp",分别用来调节频率和幅值。重新设置背景图片分辨

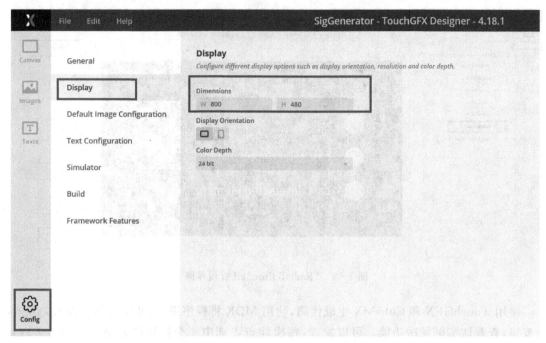

图 7-4 设置屏幕显示的分辨率

率为 800 像素×480 像素，删除本实验不需要的两个"textAera"控件，如图 7-5 所示。

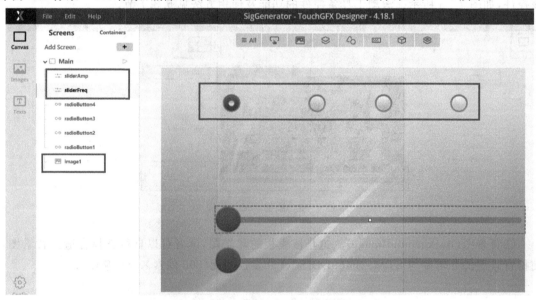

图 7-5 调整控件位置后的界面

（2）添加 7 个显示固定字符的"textAera"控件，用来显示仪器名称型号、调节频率和幅值、当前输出波形的说明文字。在此之前，为了能让系统正确显示中文，还需要将字体改为"Kai-Ti"，并将范围设置为"0-9，a-z，A-Z"，文本显示控件的设置方法参照 2.2.3 节，如图 7-6 所示。

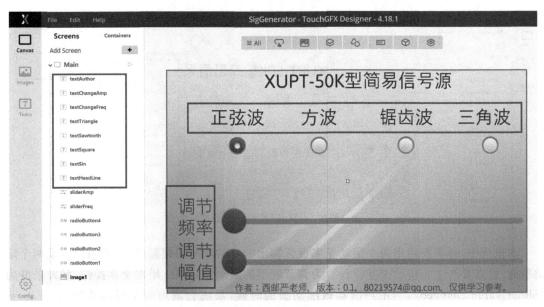

图 7 - 6　添加完成显示固定字符的"textAera"控件

读者可以根据自己喜好,更改字体颜色和大小,选择合适的背景。

(3)添加显示当前频率和幅值的"textAera"控件,分别命名为"textCurrentFreq""textCurrentAmp",如图 7 - 7 所示。

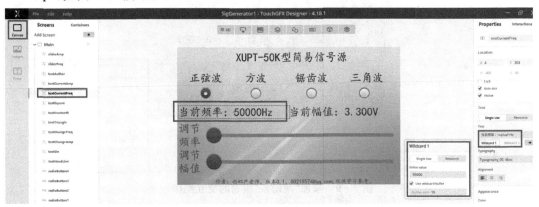

图 7 - 7　添加显示当前频率和幅值的"textAera"控件

注意,由于频率和幅值是变化的量,所以需要设置为"〈value〉",并且设置显示缓存为 10 个字节,如图 7 - 8 所示。

(4)添加本范例所需的交互。本范例中,4 个"RadioButton"点击选中和释放的时候,会执行相应 C++代码,先将这 8 个已有的交互操作全删除。

本范例中,4 个 RadioButton 选中的操作,对应了正弦波、方波、锯齿波、三角波波形输出,于是需要增加四个交互,选中按钮之后,执行相应的交互函数"funcSinWave()"。添加选中"正弦波"后的交互如图 7 - 8 所示。

以同样的方法,添加其他 3 个"RadioButton"控件的交互操作,调用的函数名分别为"funcSquareWave()""funcSawtoothWave()""funcTriangularWave()"。

图 7-8　添加"正弦波"按钮选中的交互操作

本范例中，还需要使用两个滚动条来设置输出信号的频率和幅值，因此当用户滚动两个滚动条时，也需要产生相应的交互操作。为调节频率的滚动条 Slider 增加交互操作，触发条件为"Slider value changed"，当用户滚动该滚动条的时候，系统会调用一个虚函数"funcChange-Freq()"，返回当前滚动条的值（0～100）。如图 7-9 所示。

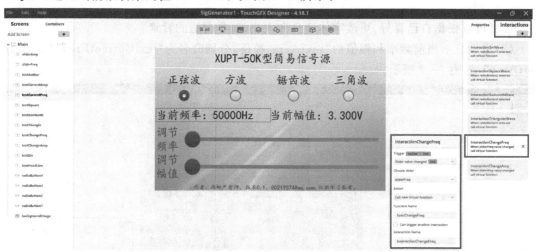

图 7-9　添加"滚动条"滚动的交互操作

同样的方法，添加"调节幅值"的"Slider"控件对应的交互，设置调用的函数为"func-ChangeAmp()"。至此，简易信号源的图形界面编写完成。

（5）生成 MDK 工程代码，并编译、下载。

首先点击软件右上角的"Generate Code"，生成代码。然后点击右下角"Browse Code"，进入代码文件夹，并返回上一级目录，使用 CubeMX 6.30 打开生成的"STM32F469I_DISCO"工程。之后在"Project Manager"工具栏选择"MDK-ARM"工具，点击"GENERATE CODE"，生成 MDK 工程。接着，TouchGFX 软件会弹出是否重载代码的对话框，选择"Yes"，点击右上角的"Generate Code"，重新生成代码。最后，使用 MDK 打开生成的工程，并编译，使用 ST-Link 下载生成的 HEX 文件，如图 7-10 所示。

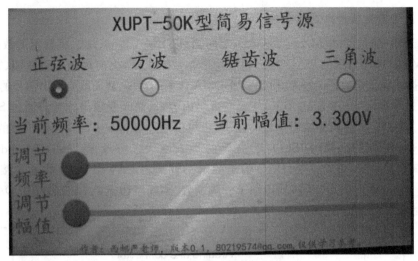

图 7-10　下载并查看程序界面

(6)TouchGFX 软件生成的代码分析。

本程序通过 TouchGFX 软件,设计了简易信号源界面,其中包含了背景图片、9 个 textAe-ra、4 个 RadioButton、2 个 Slider,以及选中按钮、滚动滚动条产生的 6 个交互操作。这些设计产生的代码,主要保存在 MDK 工程下 genetated 文件夹中的"MainViewBase.cpp"文件。这个文件的代码由 TouchGFX 生成,在 MDK 中不可更改,如图 7-11 所示。

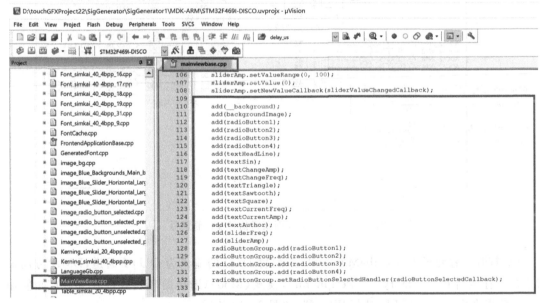

图 7-11　使用 MDK 打开 MainViewBase.cpp 文件

阅读代码发现,该 C++代码主要功能为例化了 9 个 textAera、4 个 RadioButton、2 个 Slider 对象,并进行初始化;声明了触摸屏按键的响应函数及句柄,实现功能屏幕交互操作响应,读者可以仔细阅读,并将代码与前面 TouchGFX 的操作相对应,理解 TouchGFX 软件的作用。

2. 简易信号发生器程序功能实现

本程序逻辑：通过 CubeMX 配置 DAC、定时器，以 DMA 传输方式，将数组的数据，定时循环送往 STM32F469I 自带的 DAC，输出相应波形。数组里面，提前存储了正弦波、方波、三角波等波形数据。设置定时器的频率，可以调节 DMA 传输的速度，从而改变输出信号的频率。

用户通过触摸屏，使用 RadioButton 改变数组内容，从而改变输出波形。通过 Slider 来改变定时器触发频率，从而调节输出信号的频率，也可以通过 Slider 来改变输出信号的幅值。

（1）查看 STM32F469I-DISCO 开发板的原理图（官方文档"mb1189. pdf"），以及 STM32F469 数据手册，可以发现，DAC 输出的两个管脚为 PA4 和 PA5，找到连接端子"Arduino UNO connector"部分，了解输出端子管脚配置，本程序选择 PA4 管脚作为 DAC 的第一输出通道（对应 CN8 端子的 A5），如图 7 - 12 所示。

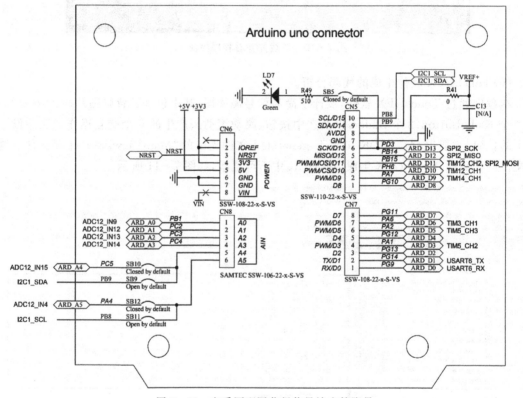

图 7 - 12　查看原理图获得信号输出管脚号

（2）打开工程路径下的 CubeMX 工程，并配置 DAC 的输入为 OUT1 通道，DMA 方向设置为从内存到外设（Memory To Peripheral），模式（Mode）选择循环模式（Circular），并使用 FIFO，数据宽度（Data Width）选择"Word"，如图 7 - 13 所示。

然后设置 DAC 的参数，将输出缓存使能，触发设置为定时器 4 的触发输出事件，如图 7 - 14 所示。

这样设置后，程序将根据定时器 4 的周期性触发事件，定时完成 DMA 输出，输出信号的频率与定时器 4 的触发频率关联。

（3）设置定时器 4 参数，如图 7 - 15 所示。

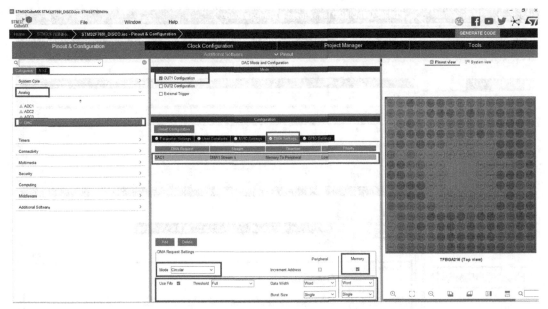

图 7-13　设置 DMA 方式将波形数据从内存直接搬运 DAC 输出

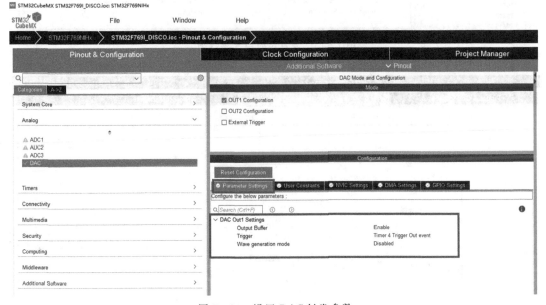

图 7-14　设置 DAC 触发参数

　　如图 7-15 所示,将定时器 4 的时钟源,设置为内部时钟(Internal Clock),预分频系数
(Prescaler)初始化为 8,Counter Period 初始化设置为 7,输出的触发事件选择设置为"Update
Event"。这样,该定时器能周期性产生更新事件(Updata Event),在图 7-13 和图 7-14 中设
置的 DMA 传输,就是采用定时器 4 的周期性更新事件来触发。

　　如图 7-16 所示,通过 CubeMX 查看"Clock Configuration",默认的"APB1 Timer clocks"
为 90 MHz,参照以上设置,本实验中定时器 4 的更新时间频率为

APB1 Timer clocks/((Prescaler+1) * (Counter Period+1))=1.25 MHz

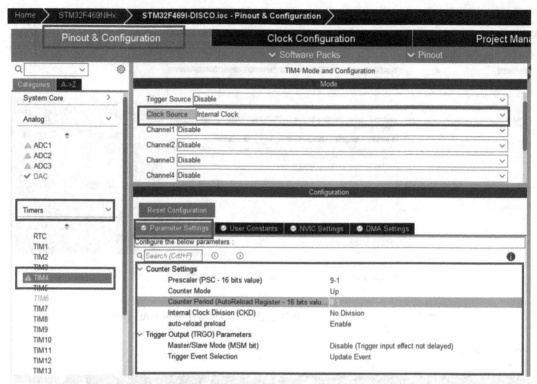

图 7-15　设置定时器 4 参数图

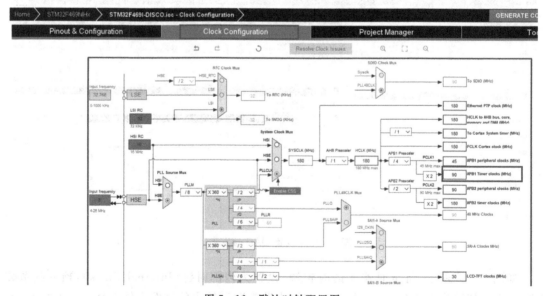

图 7-16　默认时钟配置图

在本实验中，每个正弦波（或其他波形），采用 25 个数据来表征，则初始化输出模拟信号的频率为 1.25 MHz/25＝50 kHz。

（4）点击 CubeMX 右上角的"GENERATE CODE"，然后进入工程文件夹，打开生成的 MDK 工程，点击并打开"main. c"，查看生成的 DAC、DMA 和 TIM 结构体，如图 7-17 所示。

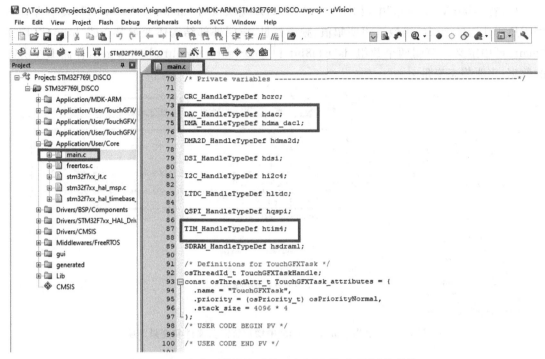

图 7 - 17　在主函数中生成的 DAC、DMA 和 TIM 结构体

　　在主函数中,CubeMX 已经生成了所需的 DAC、DMA 和 TIM 结构体,分别为 hdac、hdma_dac1、htim4,并进行了初始化,相关的初始化函数为 MX_DMA_Init( )、MX_DAC_Init( )、MX_TIM4_Init( ),读者可以查看这三个函数,学习初始化配置方法。

　　本实验中,重点查看定时器的配置函数 MX_TIM4_Init( ),了解定时器 4 产生不同频率更新事件的设置,从而掌握输出不同频率波形的方法。

　　(5)在“MainView. hpp”中增加本程序所需的 6 个消息响应函数声明,如图 7 - 18 所示。

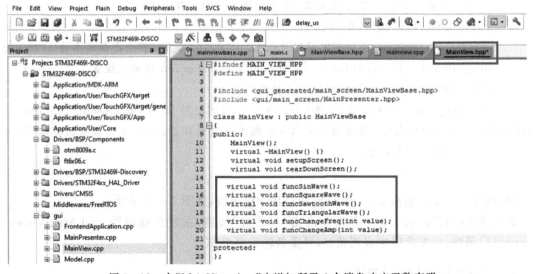

图 7 - 18　在“MainView. hpp”中增加所需 6 个消息响应函数声明

（6）在"MainView. cpp"中，如图 7-19 所示，新增头文件"main. h""math. h"（其中含有本例程所需使用的 sinf()函数）；声明幅值、频率变量；声明外部结构体变量"hdac""htim4"（均在"main. c"中定义）；声明两个数组 daData8bit 和 daData8bitAmplitudeChanged，存储 DA 所需的数据；声明静态变量 i。

图 7-19　在"MainView. cpp"中增加所需头文件和变量声明

（7）修改 void MainView∷setupScreen()函数，使得上电初始化时，即输出 50 kHz 正弦波，程序如下：

```
void MainView∷setupScreen()
{
    for(i = 0;i<25;i++)
    daData8bit[i] = (uint32_t)(255.0f * (sinf(2.0f * 3.1416 * i/25.0f) + 1)/2.0f);
    //生成正弦波，使用 25 个点表征，每个数据用 8 位数字量表示
    htim4.Init.Period = 8-1;
                       //定时器 4 CounterPeriod 设置，事件更新频率为 1.25 MHz
    HAL_TIM_Base_Init(&htim4);//定时器 4 CounterPeriod 初始化设置
    HAL_TIM_Base_Start(&htim4);//启动定时器 4
    HAL_DAC_Start_DMA(&hdac,DAC_CHANNEL_1, (uint32_t *)daData8bit,25,DAC_A-
LIGN_8B_R);//开启 DMA 传输，将数组数据以 8 位模式传输到 DAC 通道，25 个数据循环输出，产
        生周期性循环信号
}
```

（8）编写 4 个波形选择 RadioButton 的消息响应函数，如图 7-20 所示。

以正弦波函数为例，当用户从屏幕点击"正弦波"按键，系统自动调用 void MainView∷function1()函数，以下代码生成正弦波，并重新输出到 DAC。

```
void MainView∷function1()
{
```

图 7-20　4 个波形选择 RadioButton 的响应函数设计

HAL_DAC_Stop_DMA(&hdac,DAC_CHANNEL_1);//停止当前 DMA 传输

HAL_TIM_Base_Stop(&htim4);//停止定时器 4

for(i = 0;i<25;i + +)

daData8bit[i] = (uint32_t)(255.0f * (sinf(2.0f * 3.1416 * i/25.0f) + 1)/2.0f);

　　　　　　　　　　　　　　　//生成正弦波并存储在数组

HAL_TIM_Base_Init(&htim4) ;//定时器 4 重新初始化

HAL_TIM_Base_Start(&htim4);//启动定时器 4

HAL_DAC_Start_DMA(&hdac,DAC_CHANNEL_1, (uint32_t *)daData8bit,25,DAC_A-
LIGN_8B_R);　　　　　　　　　　　　//开启 DMA,输出正弦波

　　}

(9)编写调节频率和幅值所需的 Slider 消息响应函数,如图 7-21 所示。

图 7-21　频率和幅值调节滚动条消息响应函数设计

滚动条返回 value 值范围为 0~100,输出信号频率为

APB1 Timer clocks/((Prescaler + 1) * (Counter Period + 1) * 25)

其中频率调节滚动条响应函数如下:

```
void MainView::funcChangeFreq(int value)//频率调节滚动条响应函数
{
    HAL_TIM_Base_Stop(&htim4);//停止定时器 4
    freq = 50000.0f/(value + 1);//value 初始值为 0,频率初始值为 50 kHz;value:0~100
    Unicode::snprintfFloat(textCurrentFreqBuffer, 10, "%5.0f", freq);
                                                    //更新频率显示
    textCurrentFreq.invalidate();//更新频率显示内容
    htim4.Init.Period = 8 * value + 8 - 1;//freq = 50000.0f/(value + 1) = 90M/(9 *
                                        //25 * (Period + 1))
    HAL_TIM_Base_Init(&htim4);//重新初始化定时器 4
    HAL_TIM_Base_Start(&htim4);
    HAL_DAC_Start_DMA(&hdac,DAC_CHANNEL_1, (uint32_t *)daData8bit,25,DAC_A-
LIGN_8B_R);//开始 DMA 传输,DA 输出
}
```

幅值调节滚动条响应函数如下:

```
void MainView::funcChangeAmp(int value)
{
    HAL_DAC_Stop_DMA(&hdac,DAC_CHANNEL_1);//停止当前 DMA 传输
    HAL_TIM_Base_Stop(&htim4);//停止定时器 4
    amplitude = 3.3 - 3.3 * value/100.0f;//根据滚动条数值计算当前幅值
    for(i = 0; i<25; i + +)daData8bitAmplitudeChanged[i] = (uint32_t)(daDa-
ta8bit[i] * amplitude/3.3f);//改变幅值并存入数组
    Unicode::snprintfFloat(textCurrentAmpBuffer, 10, "%4.3f",amplitude);
    textCurrentAmp.invalidate();//更新幅值显示
    HAL_TIM_Base_Init(&htim4);//重新初始化定时器 4
    HAL_TIM_Base_Start(&htim4);//启动定时器 4
    HAL_DAC_Start_DMA(&hdac,DAC_CHANNEL_1, (uint32_t *)
daData8bitAmplitudeChanged,25,DAC_ALIGN_8B_R);
                                    //开启 DMA 传输,PA4 输出更新幅值的波形
}
```

(10)程序编译、下载,示波器输入端接在开发板背面的 PA4 和 GND 管脚上,查看所产生的波形。如果屏幕黑屏的话,请在 main.c 中将 DAC 初始化程序放在 TouchGFX 初始化程序之后,如图 7-22 所示,部分版本固件和开发板有这个问题。

开发板所显示的 UI 界面如图 7-23 所示。

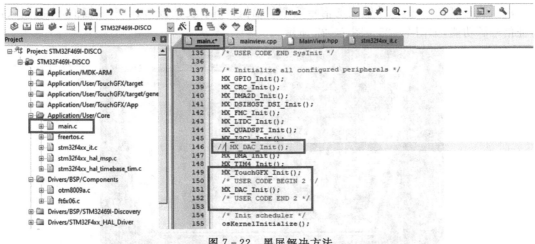

图 7 - 22　黑屏解决方法

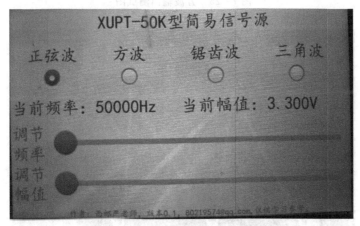

图 7 - 23　单通道简易信号源界面

　　由图 7 - 23 可以看出,默认输出信号为频率 50 kHz、幅值 3.3 V 的正弦波,使用示波器验证,输出管脚为 PA4,如图 7 - 24 所示。

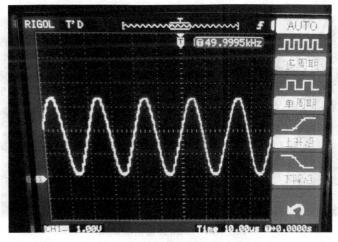

图 7 - 24　正弦波输出测试图

由示波器测试可知，默认输出的信号频率和幅值正确。更改波形、频率和幅值，多次测试，验证信号源功能，如图 7-25～图 7-27 所示。

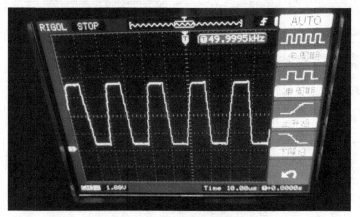

图 7-25　方波输出测试图

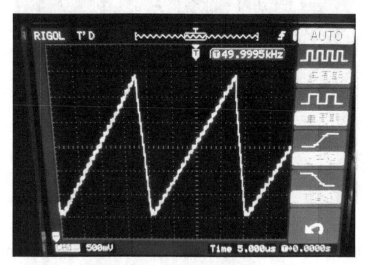

图 7-26　锯齿波输出测试图

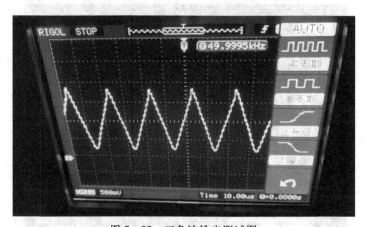

图 7-27　三角波输出测试图

7.4　本章作业

（1）理解程序中频率调节部分的代码，掌握定时器设置方法。假设输出正弦波频率为 10 kHz，相应的时钟 APB1、定时器预分频系数和计数值可分别设置为多少？

（2）测试输出信号的幅值、频率，进行误差分析，计算最大误差和平均误差，确定仪器的输出电压范围、频率范围、精度。

（3）修改程序，尽可能提高方波的输出频率。

（4）修改程序，除了已有四种波形之外，可以选择任意波形，波形数据从 SD 卡或者 U 盘读出。两种存储器的用法，可参考 STM32Cube_FW_F4 固件包中"..\Projects\STM32469I-Discovery\Applications"目录下面的相关示例程序文件夹，也可以参考本书第 12 章中介绍的 SD 卡的读写方法。

（5）信号发生器输出的参数（波形或频率），可以通过按键来设置，存储在 EEPROM 中，断电重启之后，输出的波形不变。EEPROM 存储器的用法，可参考 STM32Cube_FW_F4 固件中"..\Projects\STM32469I-Discovery\Applications"目录下的"EEPROM"文件夹里的示例工程。

（6）修改程序，使得输出的方波脉冲波形可以设置脉冲宽度、占空比、边沿时间。

（7）设计 arduino 接口的信号调理电路扩展板，含电源电路、加法电路、数字电位器等部分，使得输出信号可以调节直流分量，输出幅值可以达到±3.3 V。可以选择电荷泵，来实现负电压电源，并通过加法电路实现直流分量调节。

扩展板含有的电源电路，可以实现电源管理，配合单片机的 I/O 管脚，可以实现软关机、自动关机等省电功能，具体设计方法可以参考第 9 章中的电源电路部分。

（8）选择合适壳体，可充电锂电池，将开发板、扩展板、电池、壳体、开关等部分进行组装，成为一款便携式信号源。读者要考虑稳定性、实用性、美观性，壳体选型和装配可以参考第 9 章。

（9）更换芯片处理器为 STM32G071，裁剪不需要的硬件部分，使用 2 寸液晶屏幕，外置薄膜按键，防水壳体，进一步降低成本和功耗，设计一款便携式信号源，参考设计如图 7-28 所示。

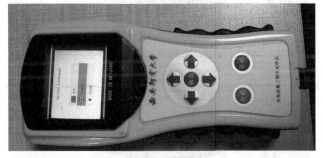

图 7-28　西安邮电大学光电专业课程设计作品：基于 TouchGFX 的便携式信号源

西安邮电大学光电专业学生作品讲解视频链接：https://www.bilibili.com/video/BV1qB4y1K7PZ/，仅供大家参考。

第 8 章 基于 TouchGFX 的光功率计(上)

8.1 光功率计简介

光功率计是用来测量光功率大小的仪器,既可用于光功率的直接测量,也可用于光衰减量的相对测量,是光电器件、光无源器件、光纤、光缆、光纤通信设备的光功率测量,以及光纤通信系统工程建设和维护的必备测量工具。

图 8-1 是某型光功率计实物图。该系列光功率计有小巧的外形、可自由选择开关的背光显示、友好的操作界面、超宽的光功率测试量程、精准的测试精度以及用户自校准功能。

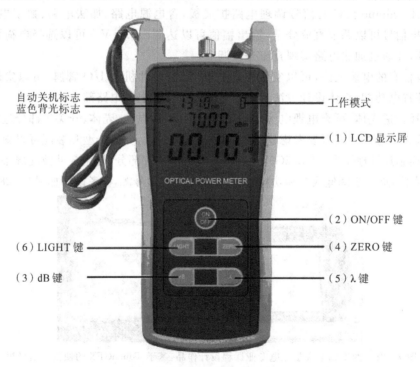

图 8-1 某型手持式光功率计

8.1.1　某型光功率计仪表功能说明

（1）LCD 显示屏。

LCD 显示屏显示所测得的光功率值，以 dB、dBm、mW、uW、nW 的形式显示（这里 uW 实际应为 μW，因程序问题，无法显示 μ）；可显示设定的波长 850 nm、980 nm、1300 nm、1310 nm、1550 nm；可显示光功率计当前的工作模式等。

（2）ON/OFF 键。

按 ON/OFF 键至液晶屏有显示，即表示仪表启动；在开机状态下，按下该键，即可关机（须在开机 1 s 后）。

（3）dB 键。

在设定波长下按下此键，进行光功率值的相对测量。

（4）ZERO 键。

按动该键，进行光功率计的自调零。

（5）λ 键。

此键 λ 波长选择键，按压该键，可以选择不同的波长，有 850 nm、980 nm、1300 nm、1310 nm、1550 nm 五种波长供选择，该值也将在 LCD 上显示。

（6）LIGHT 键。

按动该键可以选择打开或关闭液晶屏的背光。

8.1.2　某型光功率计原理

1. 系统设计原理

某型光功率计的原理框图如图 8 - 2 所示。InGaAs-PIN 光电探测器将检测到的光信号转变为电流信号，进行 I/V（电流/电压）变换后输出电压信号。经过放大和滤波处理后，送入 STM32 自带模数转换器（ADC）进行模数转换，根据转换数据的大小，利用单片机判断所需放大电路倍数，然后通过 8 选 1 模拟开关 MAX4051（或其他同类芯片）控制放大电路的量程，自动切换来获得合适的数字量，最后由单片机进行数据处理和分析，再送入触摸屏进行功率显示和操作控制。

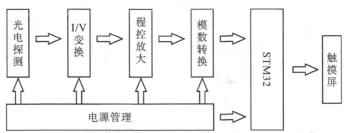

图 8 - 2　光功率计系统原理图

2. 信号调理电路简介

(1)InGaAs-PIN 光电探测器。

目前常用的小型光电探测器有 PIN 光电二极管和 APD 雪崩光电二极管。APD 具有很高的检测速度，在高速光电检测应用行业占据主要地位，但是其暗电流大，需要很高的偏置电压，噪声也比较大，不适合在精确测量时使用。

便携式光功率计，广泛使用暗电流低、灵敏度高、可以工作在零偏状态的 PIN 光电二极管。

目前常用的 PIN 管主要由 Si、Ge、InGaAs 等材料制作，可覆盖 400～1800 nm 的波长范围。

InGaAs-PIN 是一种低噪声、高响应的光电探测器，具有较高的测量灵敏度和很低的暗电流。

本实验采用北京敏光的 LSIPD-A75 型 InGaAs-PIN 光电二极管，检测的波长范围为 800～1700 nm，如图 8-3 所示，读者可以在电商平台购买。

图 8-3　北京敏光 LSIPD-A75 型光电二极管

(2)电流电压变换。

光电探测器将光信号转换为电流信号，本产品信号调理电路有多种实现方案，最简单的单电源放大电路如图 8-4 所示。

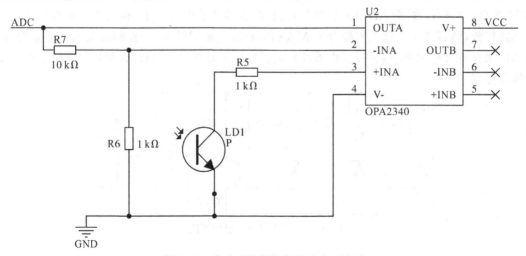

图 8-4　光功率计简易信号放大电路图

(3)程控放大。

考虑到采集的光功率信号范围比较大(nW～mW),当放大器增益固定时,小信号无法得到有效放大,模数转换的有效精度降低。同时由于光电探测器在同一波长的不同光强下对光的响应不是线性的,固定增益测量会出现非线性误差。

解决方法:对小信号输入采用高倍放大,对大信号输入采用低倍放大,根据采集到的信号大小,自动改变增益和衰减,切换到合适的量程,即在放大电路中使用量程自动切换技术,在检测范围内将光功率按照光强不同分为多段,每一段对应一个量程,这种技术可以有效消除测量时的非线性误差,在增加测量的动态范围的同时,提高了测量的精度。

一般可以通过继电器、数字电位器、模拟开关,配合运算放大器,采用切换放大电路相关电阻阻值的方式,来实现程控放大。在本实验中,综合成本、响应速度、体积、功耗等因素,建议采用模拟开关。

在选择多路模拟开关时,主要从通道数、切换速度和导通电阻几个方面进行考虑,可选择美信公司的 8 路高速模拟开关 MAX4051。

本实验中,考虑到学时有限,没有设计程控放大,在作业中留出该要求,读者可以后期自行完成。

8.2 实验目的和实验内容

8.2.1 实验目的

通过本次实验,学生掌握以 CubeMX 配置 GPIO、定时器、ADC 等外设资源的方法,了解 TouchGFX 4.18.1 软件中文本显示、按键等控件的使用方法,掌握使用 EEPROM 进行数据存、取的方法,掌握模拟开关、常用信号放大电路的设计方法。

8.2.2 实验内容

使用 STM32F469I-DISCO 开发板,TouchGFX+CubeMX+MDK 软件,设计简易光功率计人机交互界面。本实验分基本实验和扩展实验,基本实验要求 4～8 学时,作业要求 8～16 学时,由教师根据教学计划及学生基础来自行把握。基本实验要求如下:

(1)使用 TouchGFX 编写如图 8-5 所示人机交互界面。

(2)使用 CubeMX 配置 GPIO 管脚,使用面板上的按键,控制开发板上的灯 LD7,模拟背光灯功能。

(3)使用 CubeMX 配置 ADC1 的 IN9 通道,后台设计 AD 转换程序,在面板上显示采样的电压波形图,并计算信号幅值和频率。

(4)使用信号源,输入不同电压、不同频率的信号,测试采样结果,并填写误差分析表,计算最大误差和平均误差(幅值和频率各测 9 组数据)。

图 8-5　光功率计简易测量界面图

8.3　光功率计人机交互界面设计

8.3.1　使用 TouchGFX 编写光功率计人机交互界面

1. 新建工程

打开 TouchGFX 4.18.1 软件，选择"应用模板""STM32F469I Discovery Kit"，选择空白 UI 模板，新建工程。

2. 背景图片设置

将需要用到的图片放到该工程路径的"images"文件夹，在 TouchGFX 左边设计栏里，点击"Image"，在右边选择仪表界面背景图片。

注意：该"images"文件夹里除了本项目所需的 PNG 格式图片之外，不要有任何其他文件或文件夹，此类图片文件名也不能用中文。

3. 添加显示控件 TextAera

(1)在"Texts"界面，选择"Typograph"编辑栏，将自带的三种字型的字体都修改为"Kai-Ti"，以便显示中文，另外将三种字体的"Wildcard Ranges"都修改为"0-9"，以便显示变量。

(2)添加显示控件(TextAera)。

首先添加显示仪器名称的常量文本框"textHeaderLine"，命名为"XUPT-2021 型光功率计"。

然后添加显示"波长"变量的文本框"textWaveLength"，将该 TextAera 显示控件拖到适当位置，并修改字体颜色。"波长"文本框显示的是当前波长，是可变内容。先点击"textWave-Length"，将该控件右边 Text 内容修改为"＜value＞nm　"，注意"nm"后面加空格。点击"WILDCARD1"，设置该可变显示控件的初始值为 1310 nm，并勾选"Use wildcard buffer"，默认显示缓存为 10 字节。

同样的方法，增加显示工作模式(信号频率)的文本框"textFreqMode"，初始值设置为 270 Hz，默认显示缓存为 10 字节，如图 8-6 所示。

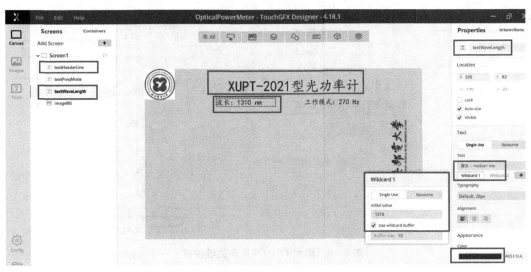

图 8-6 添加波长和工作频率显示控件

同样的方法,增加"光电转换电压"显示控件"textVoltage",拖移到合适位置,改变字体大小和颜色,初始值设置为 0 V,默认显示缓存为 10 字节,用来显示光电转换电压的幅值。

增加"光功率"显示控件"textOpticalPower",显示光功率的变量(两个变量分别为"wildcard1"和"wildcard2"),单位分别为"uW"和"dBm"。text 值设置为"光功率:<value>mW<value>dBm"。将文本框拖移到合适位置,改变字体大小和颜色,初始值设置为 0 mW、0 dBm,两个变量默认显示缓存均为 10 字节,用来显示光功率,如图 8-7 所示。

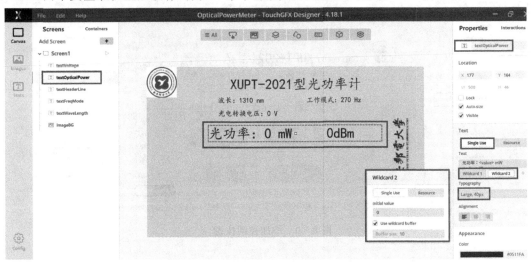

图 8-7 添加电压和功率显示控件

4. 添加按键(Button)

(1)添加关机按键。

在 TouchGFX 设计栏,添加"Toggle Button",添加"ON/OFF"按键,用于开关机,设置方法如图 8-8 所示。

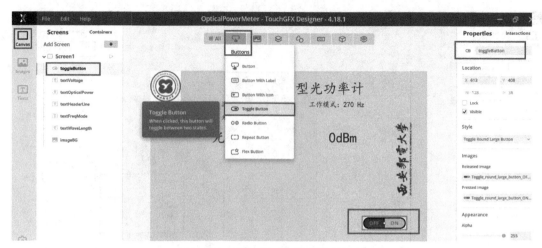

图 8-8　添加 ON/OFF 开关机按键

（2）添加带标记的按键。

在 TouchGFX 设计栏，点击"Button With Label"，可添加带标记的按键。添加"背光灯"控制按键"buttonLight"，用于控制液晶背光灯。

同样的方法，添加"切换波长"的控制按键"buttonChangeWaveLength"，用于切换波长。添加"调零"的控制按键"buttonZero"，用于调零。添加"显示波形"的控制按键"buttonShowWave"，用于显示采集到的电压信号波形，如图 8-9 所示。

图 8-9　添加控制按键

5. 添加电压波形图显示控件（dynamicGraph）

可以通过动态图"dynamicGraph"控件，将采集到的光电转换电压的波形显示出来，以便更直观进行电压幅值、功率、频率计算，并确定信号调理电路是否正确。

添加一个动态图"dynamicGraph1"，并默认为隐藏状态（取消勾选"visable"），用户可以通过"显示波形按键"，来手动控制显示电压波形，如图 8-10 所示。

同时为了保证动态图的背景效果，添加一个"box"控件，大小和"dynamicGraph1"一致，也默认设置为隐藏,如图 8-10 所示。

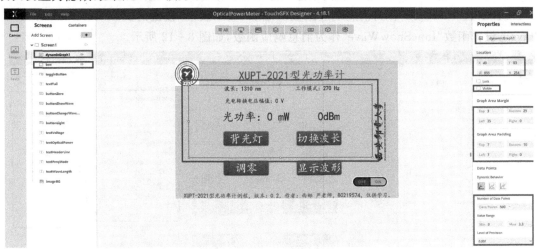

图 8-10　添加控制波形显示动态图

修改数据点的数目为 500,即限时 500 个采样点,将显示值的范围改为 0~3.3 V,并添加横纵坐标,如图 8-11 所示。

图 8-11　添加控制波形显示动态图的坐标

读者可以更改、移动波形图,调节相关参数,参考在线的动态图数据手册,得到合适的波形图效果,参考网址:https://support.touchgfx.com/4.18/docs/development/ui-development/ui-components/miscellaneous/dynamic-graph。

6. 添加按键的交互操作和消息响应函数

添加"关机"按键的交互"InteractionShutDown",用户点击之后,将调用函数"funcShutDown"执行响应操作。同理,添加"背光灯"按键的交互"InteractionLight",设置函数"funcLight"作为消息响应函数。添加"切换波长"按键的交互"InteractionChangeWaveLength",设置函数"funcChangeWaveLength"作为消息响应函数。添加"调零"按键的交互"InteractionZero"，设置函数"funcZero"作为消息响应函数。添加"显示波形"按键的交互"InteractionShowWave"，设置函数"funcShowWave"作为消息响应函数，如图 8-12 所示。

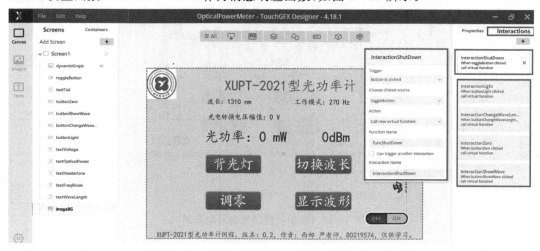

图 8-12　添加按键的交互和消息响应函数

7. 生成代码,编译下载

(1)点击 TouchGFX 软件右上角的"Generate Code"，耐心等待代码生成。

(2)点击左下角"Files"，进入代码文件夹，并返回上一级目录，使用 CubeMX 打开生成的 "STM32F469I-DISCO.ioc"工程。

(3)在"Projec Manager"工具栏选择"MDK-ARM"工具，点击"GENERATE CODE"，生成 MDK 工程，耐心等待代码生成。

(4)TouchGFX 软件会弹出是否重载代码的对话框，选择"Yes"，然后点击右上角的"Generate Code"，重新生成代码，耐心等待代码生成。

(5)使用 MDK 打开生成的工程，并编译，使用 ST-Link 下载生成的 HEX 文件，简易光功率计界面设计完成，效果如图 8-13 所示。

图 8-13　简易光功率计仪表人机交互界面图

8.3.2　后台程序设计——使用 LD7 模拟液晶背光灯设计

STM32F469I-DISCO 开发板上有 LED,可以用来模拟液晶的背光灯控制。在触摸屏点击"背光灯"按键,可以打开或者关闭开发板上的 LD7。

查看 STM32F469I-DISCO 开发板的原理图(官方文档"mb1189.pdf")"Arduino UNO connector"部分可知,LD7 接的是 PD3 管脚,如图 8-14 所示。

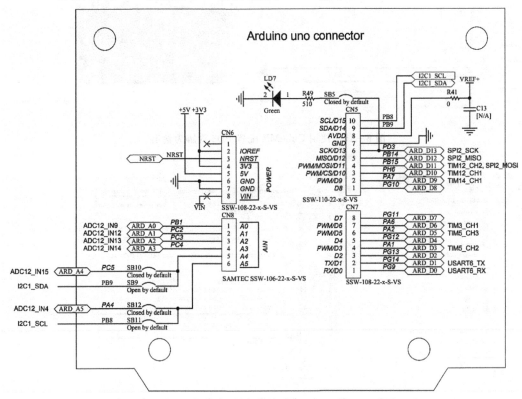

图 8-14　STM32F469I-DISCO 开发板 LD7 电路图

1. 设置 GPIO

打开工程路径里面的"STM32F469I_DISCO.ioc",使用 CubeMX 打开该工程,设置 PD3 管脚为输出,如图 8-15 所示。

2. 生成代码

点击右上角的"Generate Code",生成代码,使用 MDK 重新打开工程文件。如果前面没有关闭该 MDK 工程,则重新加载代码即可,无需重新打开 MDK。

3. 添加消息响应函数声明

在"Screen1View.hpp"头文件里添加背光灯按键响应函数"funcLight()"的声明"virtual void funcLight();",作为类"Screen1View"的公有成员函数,用来执行点击"背光灯"按键的代码(开或关灯),如图 8-16 所示。

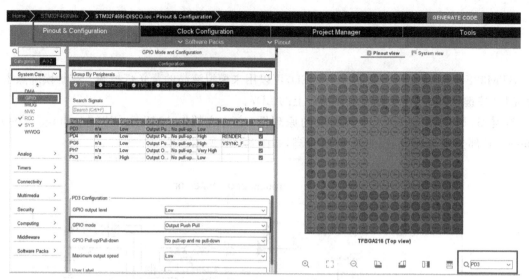

图 8-15　使用 CubeMX 配置 PD3 管脚为输出

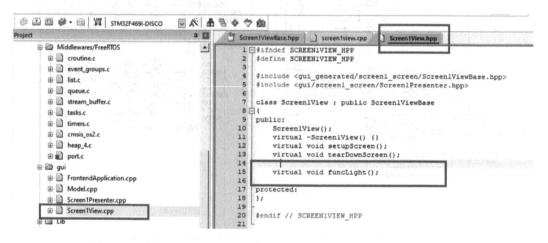

图 8-16　在"Screen1View. hpp"头文件添加"背光灯"按键的响应函数声明

4. 添加消息响应函数代码

在"Screen1View. cpp"源文件里面添加"main. h"头文件，以及背光灯按键的响应函数"funcLight()"的实现代码。

当用户点击按键时，程序会调用 funcLight() 函数，执行"HAL_GPIO_TogglePin(GPI-OD, GPIO_PIN_3)"，该函数作用是使管脚 PD3 电平翻转，从而控制开发板上的 LD7 灯的亮和灭交替变化。如图 8-17 所示。

5. 查看程序效果

编译，在 ST-Link 重新打开新的 hex 文件，下载，点击屏幕上的"背光灯"按键，查看 LD7是否能实现亮灭交替。

本部分程序实现通过人机交互界面控制单片机 GPIO。如需使用单片机其他外设，例如ADC、串口、定时器等，方法也和控制 GPIO 类似。

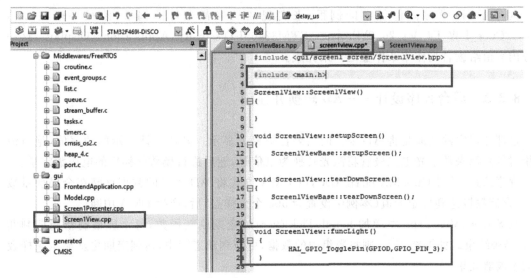

图 8-17　在"Screen1View.cpp"文件添加"main.h"头文件

　　另外,如果要真正实现触摸屏背光灯亮度调节功能,读者可以在板载驱动程序的详细说明文档"STM32469I-Discovery_BSP_User_Manual.chm"中查询 LCD 的驱动函数,路径一般在固件包安装路径下的"..\STM32Cube_FW_F4_V1.26.2\Drivers\BSP\STM32469I-Discovery",如图 8-18 所示。

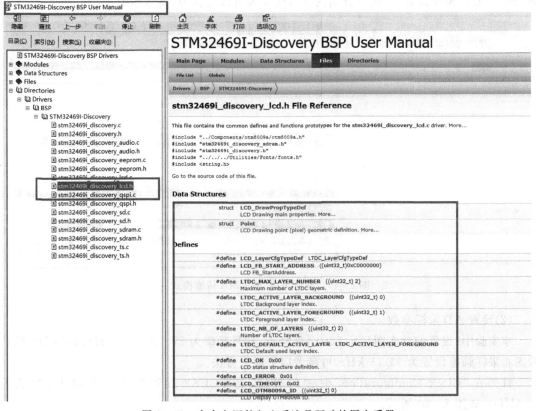

图 8-18　在官方固件包查看液晶驱动的用户手册

读者也可以学习固件包中的例程，来实现液晶屏背光灯的调节，路径一般在".. \ STM32Cube_FW_F4_V1.26.2\Projects\STM32469I-Discovery\Applications\Display"，这一部分内容留给读者当作本章作业之一来完成。

8.3.3 后台程序设计——AD 转换并显示

这部分程序的功能是将 AD 采样的结果在屏幕上显示。光功率计显示的功率值（绝对值或相对值），都来源于光电二极管将激光转换为电信号，然后进行模数转换后的电压数字量。

程序思路：通过 CubeMX 配置 ADC，以 DMA 方式将 AD 采样的数据存储在全局变量数组中，存储数量达到规定的值（本例中设置为 500 个采样点）后，产生 DMA 中断。

在 Screen1View.cpp 中增加 handleTickEvent()定期刷新函数，每个屏幕刷新周期判断 ADC 是否结束。如果结束了，则将数组中的数据，更新到动态图中，达到定期更新显示采样数据的示波器效果。

1. 使用 CubeMX 配置 ADC

查看 STM32F469I-DISCO 开发板的原理图（官方文档"mb1189.pdf"），找到连接端子"Arduino UNO connector"部分，了解输出端子管脚配置，如图 8 - 14 所示，开发板后面 CN8 端子 A0，可引出电压测量管脚，对应单片机的 PB1，将这个管脚作为 ADC1 的 IN9 通道。

（1）打开工程路径里的"STM32F469I_DISCO.ioc"，添加 ADC 外设。配置 ADC1 的输入为 IN9 通道，DMA 设置为"从外设到内存"，优先级可以设置为"高"，如图 8 - 19 所示。

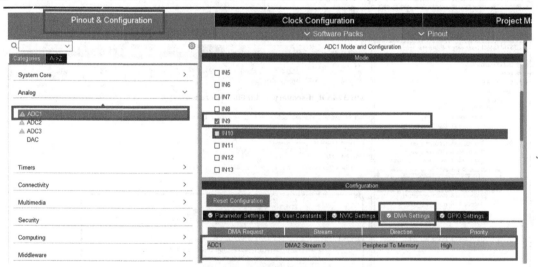

图 8 - 19 设置 ADC 的 DMA 传输模式

（2）设置 AD 采样参数。

本实验中，设置的动态图显示 500 个采样点，信号频率为 270 Hz、1000 Hz、2000 Hz，综合考虑将采样频率设置为 93.75 kHz，可参考以下配置方法。

首先在"Clock Configuration"时钟树界面，将 PCLK2 设置为 11.25 MHz（默认为 90 MHz），如图 8 - 20 所示。

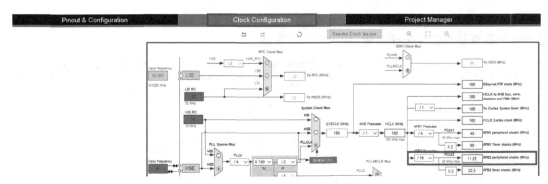

图 8 - 20　设置 PCLK2 为 11.25 MHz

　　然后回到 ADC1 的配置界面,对 ADC1 做如下设置:如图 8 - 21 所示,将 ADC 的时钟设置为"PCLK2 divided by8",采样精度默认为 12 位(每次转换需要 15 个时钟),将"Continuous Conversion Mode"设置为"Enable",确保连续采样,并将"DMA Continuous Request"设置为"Enable",确保 DMA 传输能连续执行。采样时间设置为 3 个时钟周期(读者可以选择比较长的采样时间,获得较低的采样频率)。在本实验中,采样频率的计算方式为(PCLK2/8)/15 = 93.75 kHz。

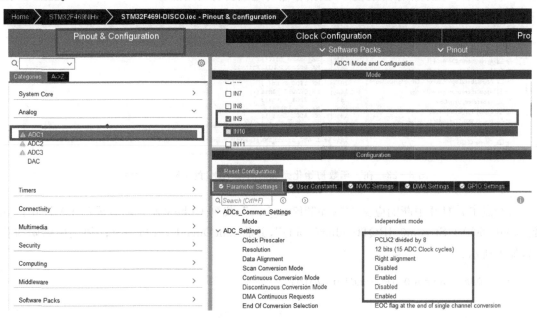

图 8 - 21　设置 ADC 参数

　　更为详细的设置说明,读者可以参考 CubeMX 的官方用户手册:*STM32CubeMX for STM32 configuration and initialization C code generation*,文档编号为"UM1718"。

　　(3)配置好 ADC 和定时器之后,点击右上角的"GENERATE CODE",生成 KEIL 工程代码。

2. 使用 MDK 添加 ADC1 代码

　　(1)打开生成的 MDK 工程,点击并打开"main.c",在用户定义的变量区,增加 AdcConve-

117

rtedValue 数组和 adcDmaOverFlag 变量，数组用来存储每次采样的 500 个数据，变量用来确定 500 个数据是否已经采样完成，如图 8-22 所示。

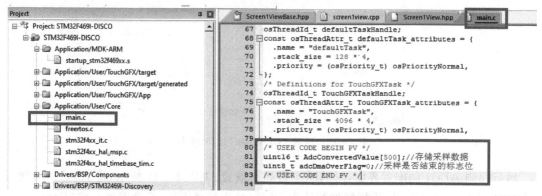

图 8-22　声明 ADC 缓存的全局变量及标志位

在主函数中，当初始化完成之后，增加 DMA 传输语句，该行程序启动 DMA 传输，将 ADC 采样的数据，无需 CPU 介入，直接传输到数组中，存储完 200 个数据之后，产生 DMA 中断，如图 8-23 所示。在采样存储过程中，数据存储的地址会自动增加。

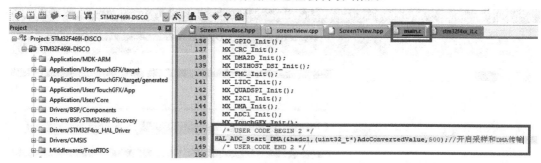

图 8-23　在主函数初始化完成后启动 ADC 的 DMA 传输模式

（2）点击并打开中断响应文件"stm32f7xx_it. c"，找到 CubeMX 自动生成的 DMA 中断函数"void DMA2_Stream0_IRQHandler(void)"，并将"adcDmaOverFlag＝1;"加入中断响应代码，如下所示：

```
void DMA2_Stream0_IRQHandler(void)
{
    HAL_DMA_IRQHandler(&hdma_adc1);
    adcDmaOverFlag = 1;   //500 个点采样完成
}
```

在每次 500 个数据采样完成之后，系统会自动进入以上中断程序，并执行中断响应函数。在该函数中，将采样结束标志位 adcDmaOverFlag 置为 1。

由于 adcDmaOverFlag 变量是在"main. c"中定义的，因此在"stm32f7xx_it. c"中使用时，请在该文件的用户变量定义区"/＊ USER CODE BEGIN EV ＊/"和"/＊ USER CODE END EV ＊/"之间增加"extern uint8_t adcDmaOverFlag;"，声明该变量是外部变量。

(3)点击右上角的"Generate Code",重新生成代码,使用 MDK 重新打开生成的工程,打开"Screen1View. hpp",添加"显示波形"按键的消息响应函数"funcShowWave()"、屏幕定期刷新的函数"handleTickEvent()",以及计数器 count,如图 8－24 所示。

图 8－24　添加消息响应函数和屏幕刷新函数声明

(4)增加"显示波形"按键的消息响应函数和定期波形刷新函数。

打开"Screen1View. cpp",增加包含文件"main. h"(含 ADC_HandleTypeDef 结构体的定义),增加外部变量"hadc1""AdcConvertedValue[500]""adcDmaOverFlag"声明,这些变量均在"main. c"中定义。再增加是否显示波形的标志位,代码如下:

```
#include <main. h>
extern uint16 t AdcConvertedValue[500];//存储采样数据
extern uint8_t adcDmaOverFlag;//采样是否结束的标志位
extern ADC_HandleTypeDef hadc1;
uint8_t showWaveFlag = 0;//是否显示波形图的标志位
```

然后编写"显示波形"按键的响应函数"funcShowWave()",用户可以手动显示或隐藏动态图及 box 控件,方便调试。

在 handleTickEvent()函数中,每隔 100 个 handleTickEvent 周期(每个周期约 20 ms),查询 DMA 中断标志位 adcDmaOverFlag 是否为 1,如果为 1,则表示 DMA 中断已经产生,500 个点已经采样结束,可以将 500 个采样数据更新到动态图上进行显示。

显示完毕之后,将 DMA 中断标志位 adcDmaOverFlag 置为 0,并开始下一轮采样。下一轮新的 500 个采样结果会存储在数组中,将原有采样结果覆盖,如图 8－25 所示。

(5)编译程序,使用 ST-Link 下载,查看实验结果。

3. 波形显示测试

使用信号源,在开发板背面的 CN8 输出端子 A0 和 CN6 端子的 GND 管脚上,输入幅值为 3 V、直流偏移为 1.5 V、频率为 1 kHz 的正弦波,点击"波形显示"按键,查看信号波形,如图 8－26 所示。

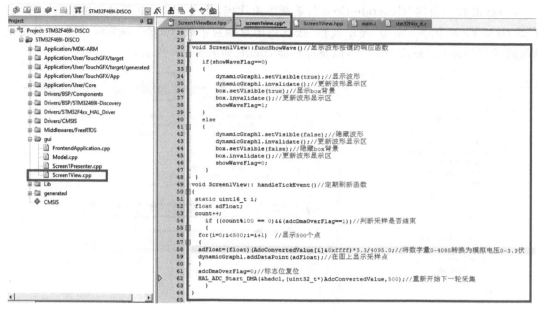

图 8-25　添加消息响应函数并将采样结果更新到动态图显示

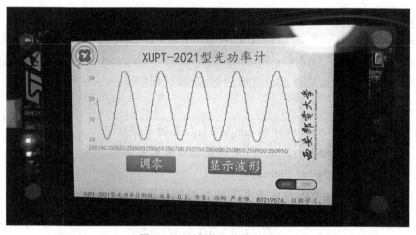

图 8-26　波形显示效果图

4. 光电转换电压幅值计算和显示

读者可以根据输入波形，编写这部分程序，自行计算输入信号的幅值，并在"handleTick-Event()"函数中，通过"textVoltage"控件进行刷新显示。文本框的显示方法，可以参考前几章内容。

使用信号源，输入频率为 270 Hz、1000 Hz、2000 Hz，幅值为 1 V、2 V、3 V，添加相应直流分量的方波，计算电压幅值，并显示。

本章作业中，要求大家记录这 9 组测试值，并形成幅值测量误差分析表。

幅值计算，也可以采用 ARM 公司的 DSP 库，直接调用相应的计算函数来计算。

5. 频率计算和显示

读者可以根据输入波形,编写这部分程序,自行计算信号的频率,并在"handleTickEvent()"函数中,通过"textFreqMode"控件进行刷新显示。

使用信号源,输入频率为 270 Hz、1000 Hz、2000 Hz,幅值为 1 V、2 V、3 V,添加相应直流分量的方波,计算电压信号频率,并显示。

本章作业中,要求大家记录这 9 组测试值,并形成频率测量误差分析表。

频率计算函数,读者可以通过编写快速傅里叶变换(fast Fourier transform,FFT)或离散傅里叶变换(discrete Fourier transform,DFT)等方法实现;也可以采用 ARM 公司的 DSP 库,直接调用相应的 FFT 或者 DFT 函数,这是本章的作业之一。

8.4 本章作业

(1)参考 8.3.3 节内容,完成"光电转换电压幅值"计算和显示。使用信号源,输入频率为 270 Hz、1000 Hz、2000 Hz,幅值为 1 V、2 V、3 V,添加相应直流分量的方波,计算幅值,并显示。记录这 9 组测试值,并形成幅值测量误差分析表,计算最大误差和平均误差。如果平均误差较大,电压幅值计算可采用多次测量取平均值、中值滤波消除毛刺等方法。

(2)参考 8.3.3 节内容,使用信号源,输入频率为 270 Hz、1000 Hz、2000 Hz,幅值为 1 V、2 V、3 V,添加相应直流分量的方波,计算信号频率,并显示。记录这 9 组测试值,并形成频率测量误差分析表,计算最大误差和平均误差。

(3)编写校准界面,对于不同幅值的输入电压,通过不同的校准参数进行校准,校准参数存储在 EEPROM,用户可以对 ADC 自行分段校准,参数掉电不丢失。校准参数不少于三组。EEPROM 存储器的用法,可参考 STM32Cube_FW_F4 固件中"\Projects\STM32469I-Discovery\Applications"目录下"EEPROM"文件夹里的示例工程。

(4)使用校准之后的电压测试界面,重新测试不同输入电压值,填写误差分析表,计算最大误差和平均误差,与未校准之前的误差数据进行比对分析。

(5)参考 8.3.2 节内容,实现触摸屏背光灯亮度调节功能。读者可以在板载驱动程序的详细说明文档"STM32469I-Discovery_BSP_User_Manual.chm"中查询 LCD 的驱动函数,添加一个滚动条控件"Slider",来实现背光灯亮度调节。滚动条的开发文档:"https://support.touchgfx.com/4.18/docs/development/ui-development/ui-components/miscellaneous/slider"。

读者也可以学习固件包中的例程,来实现液晶屏背光灯的调节,路径一般在".. \STM32Cube_FW_F4_V1.26.2\Projects\STM32469I-Discovery\Applications\Display"。

第9章 基于 TouchGFX 的光功率计(下)

9.1 实验目的和实验内容

9.1.1 实验目的

(1)了解光功率计的基本功能和设计原理,掌握基于光电二极管的光电转换原理和典型电路设计方法。

(2)掌握使用 TouchGFX+CubeMX 和 C++语言,设计人机交互程序的方法,提升嵌入式程序编写能力。

(3)掌握 I-V 转换、放大电路和电源电路的设计方法,提升设计原理图和 PCB 的工程能力。

(4)掌握结构设计、电路焊接、系统组装、校准测试方法,提升综合运用模拟电路、机械结构等知识的能力。

(5)从成本、性能、功耗、外观等方面,对在售的光功率计进行比对,以结果为导向,引导学生自主改进设计方案,提升解决复杂光电工程问题的能力。

9.1.2 实验内容

使用 STM32F469I-DISCO 开发板,使用 TouchGFX+CubeMX+MDK 软件,改进上一章设计的简易光功率计人机交互界面,并设计信号调理电路,将仪器组装起来,进行系统测试。

本实验分基本实验和扩展实验,基本实验 8 学时,扩展实验 8~20 学时,由教师根据教学计划及学生基础自行安排,部分程序编写可以让学生根据本书配套教学视频,线上学习。

程序及电路的实现方式有多种,本例程只是给出一个参考,并不一定是最优选择,读者可以根据最终测试结果,和成品光功率计进行比对,提出改进方案。

基本实验要求如下:

(1)使用万用板焊接简易信号调理电路,根据各零部件尺寸设计仪器装配方案,在仪器合适的位置设计开口和螺丝孔,将开关、电源、STM32F469I-DISCO 开发板和调理电路装配到壳体,完成硬件装配。

(2)使用标准激光光源,输入不同频率和不同波长的激光,进行系统测试,计算测量误差。

每组数据测 3 次以上,和标准光功率计测量值进行比对,计算平均误差和最大误差。

9.2 信号调理电路

为简化设计,对于入门级的设计,本例程使用简单的 I-V 转换和放大电路,与万用板直接焊接来完成信号调理。

学有余力的同学,可以尝试设计 Arduino 接口的信号调理板。

实际的工业成品,为扩大输入信号的动态范围,可以设计较为复杂的程控放大电路,可采用模拟开关、程控电阻、继电器等方案。

9.2.1 元器件清单和所需工具

系统组成如图 9-1 所示。

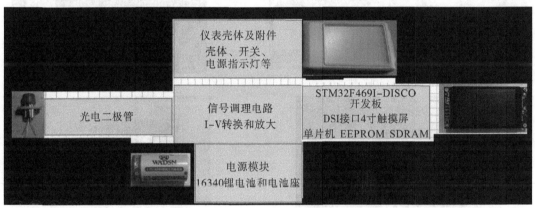

图 9-1 系统组成图

本章主要器件均可在网上购买,主要器件列表如表 9-1 所示,主要器件见图 9-2。

表 9-1 光功率计元器件清单列表

器件名称	型号	数量
开发板	STM32F469I-DISCO	1
PIN 光电二极管	北京敏光 800~1700 nmInGaAs	1
单电源运放	OPA2340	1
3.6 V 锂电池	16340	1
锂电池座	可充电 16340 电池扩展板	1
巴哈尔壳体	BMC70007	1
其他	单排针、导线、电阻、螺丝、开关等	1

组装仪器时,需要剥线钳、烙铁、电钻、壳体开口工具如图 9-3 所示。

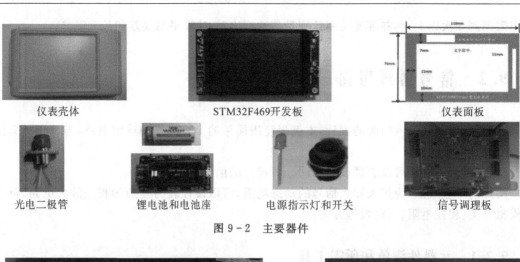

仪表壳体 　　　　　　STM32F469开发板 　　　　　　仪表面板

光电二极管 　　　锂电池和电池座 　　　电源指示灯和开关 　　　信号调理板

图 9-2　主要器件

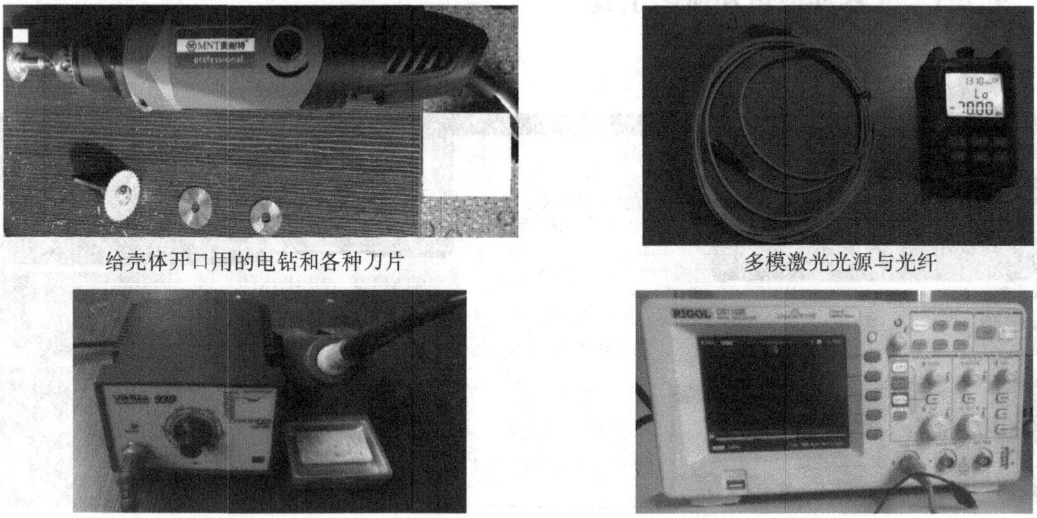

给壳体开口用的电钻和各种刀片 　　　　　多模激光光源与光纤

焊台 　　　　　　　　　　　示波器

图 9-3　主要工具

9.2.2　使用万用板设计信号调理电路

在本节，我们设计一个简易的信号调理电路。信号调理电路的作用是将光电二极管信号放大，以供单片机采样。在第 8 章中，对信号调理电路进行了简单介绍，读者可以先行查看。

由于光功率计信号动态范围比较大，市面上所售的中高端光功率计一般采用模拟开关设计程控放大电路，单片机自动根据不同信号大小选择不同放大倍数，这一部分留给学有余力的同学，作为扩展实验或者作业完成。

为方便大家在规定时间完成组装调试，本实验的基本要求部分，将信号调理电路简化，采用单运放电路将光电转换信号进行简单放大，不涉及第 8 章的 I/V 转换和程控放大。更高要求，可以作为扩展实验来实现。

用示波器测量放大后的波形，酌情修改相关电阻大小，使得放大后的电压在 0～3.3 V，满足 ADC 量程要求。

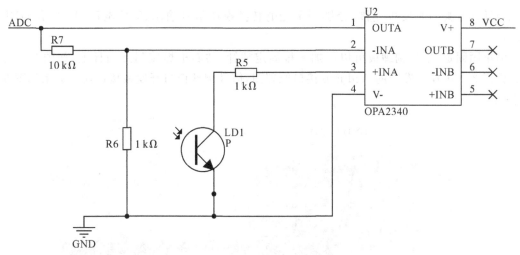

图 9 - 4 简易信号调理电路

1. 芯片 OPA2340PA 简介

OPA2340PA 系列芯片采用低至 2.5 V 的单电源供电,提供出色的动态响应(BW＝5.5 MHz,SR＝6 V1 μs),静态电流极低,双通道设计具有完全独立的电路,可实现最低串扰。

该芯片详细介绍,读者可以在 TI 公司官网"https：//www. TI. com/lit/ds/symlink/opa2340. pdf? ts＝1644611509406"查看。

2. 焊接信号调理板接口

将信号调理电路焊接到万用板上,并通过插针接口,将信号调理板扣在 STM32F469 开发板反面的 Arduino 母座接口。读者先使用工具将万用板裁减成如图 9 - 5 所示尺寸,以便组装进壳体。

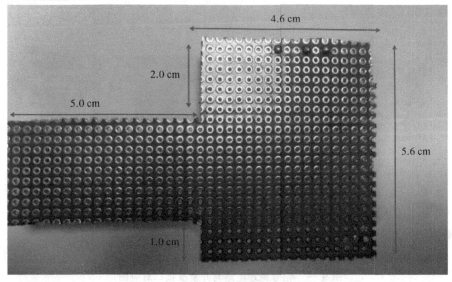

图 9 - 5 信号调理板尺寸

信号调理板通过插针,给开发板的 AD 输入管脚提供调理后的模拟信号。信号调理板需

125

要三根插针管脚与开发板连接，分别用于光电转换模拟信号输出、5 V 电源（VCC 和 GND）输入。

为牢固固定，信号调理板可以增加一根固定插针，共四根焊接到万用板上，如图 9-6 所示。根据 32F469I 开发板的 Arduino 接口原理图，信号调理板与开发板接口对应关系如图 9-7 所示。

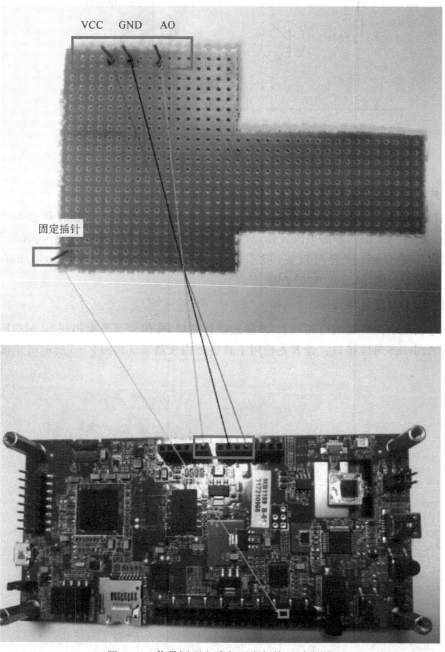

图 9-6　信号调理电路与开发板接口对应图

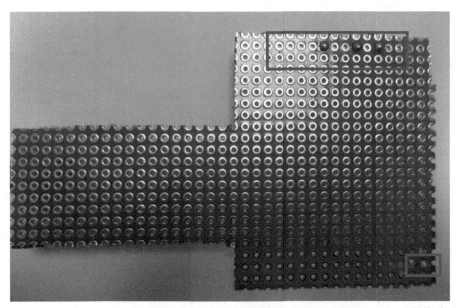

图 9-7　信号调理电路接口反面

3. 运算放大器焊接

将运放芯片插到如图 9-8 所示的位置进行焊接,并将信号输出端 OUT(管脚 1),通过导线焊接到信号调理板相应的接口管脚。

注意:走线的时候做到横平竖直,尽量不走斜线,导线要长度合适,并与万用板紧贴。

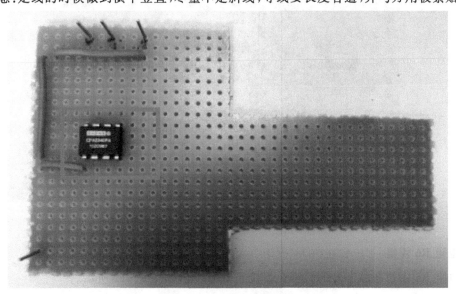

图 9-8　运算放大器焊接图

4. 反馈电阻焊接

将反馈电阻 R7 焊接到万用板,并用导线分别连接运放芯片的 1、2 管脚,如图 9-9 所示。

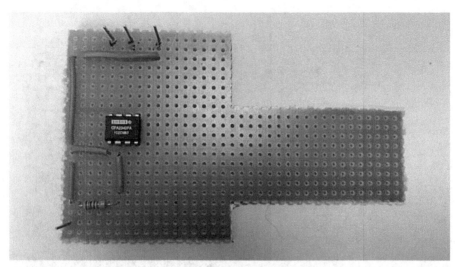

图 9-9　反馈电阻焊接图

5. 地线焊接

将图 9-6 中信号调理板的 GND 接口和运放芯片的 GND(管脚 4)相连,如图 9-10 所示。

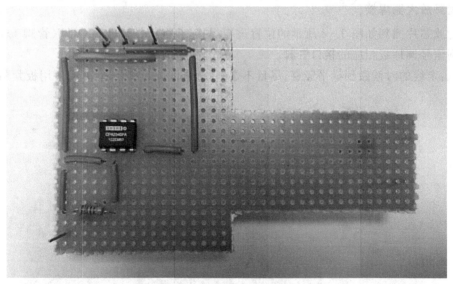

图 9-10　地线焊接图

6. 电阻 R6 焊接

将电阻 R6 通过运放芯片的管脚 2 焊接到 GND 上,如图 9-11 所示。

7. 光电二极管焊接

将光电二极管及保护二极管的限流电阻 R5 焊接到万用板上,如图 9-12 所示。

焊接注意:

(1)光电二级管有三个管脚分别为 P、N、case 管脚,case 用于导出光电接收管壳体电荷,故将它与 N 管脚和 GND 焊接在一起。

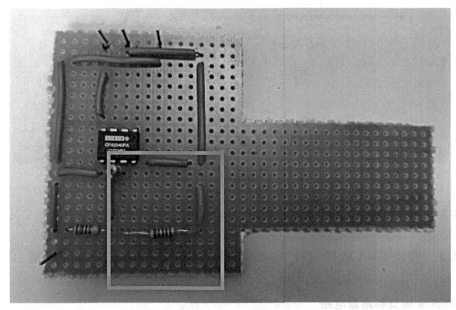

图 9-11　R_1 焊接图

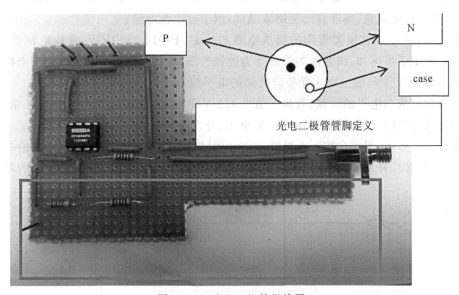

图 9-12　光电二极管焊接图

(2)光电二极管在万用板的位置,请提前和壳体开口位置核对确认,否则焊接之后二极管可能与壳体不匹配。

8.信号调理板修整

查看调理板,若背面焊锡有突出部分,如图 9-13 所示,用斜口钳将其钳掉,使调理板整齐美观。

9.测试信号调理电路

使用激光光源,给光电二极管输入波长 1310 nm、频率 270 Hz 的脉冲激光,使用示波器,

图 9-13　需要修剪的调理板焊点图

从运算放大器输入和输出端分别测量波形，可以看到对应频率的方波信号。

9.2.3　使用 EDA 软件设计 Arduino 接口信号调理电路和电源电路

1. Arduino 接口和电源电路

便携式仪器一般都有电源管理功能，当用户有一段时间没有操作触摸屏，系统将液晶屏背光灯调暗，进入省电模式，或者自动关闭液晶屏，以节省电池电量。

本实验中，使用具有使能管脚的稳压电源芯片 EUP7917-48NIRIF，设计电源管理电路。参考该芯片数据手册可知，该芯片的管脚 3 为使能管脚，使用单片机的 GPIO 管脚来控制。该芯片的输出端为管脚 5，输出电压受使能管脚的电平控制。

当使能管脚为高电平的时候，管脚 5 输出 4.8 V 电压，给开发板供电，开发板正常工作；当使能管脚为低电平的时候，管脚 5 输出 0 V 电压，开发板断电，实现关机。

如图 9-14 所示，当用户按下开机键 key1 的时候，电池的正极电压 VSS 输出给电源芯片的使能端，电源芯片开始工作，输出电压 VCC 为 4.8 V，给开发板供电，开发板上的单片机开

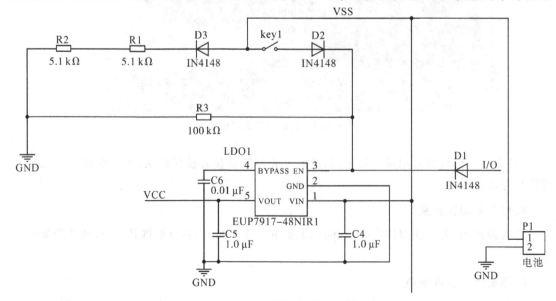

图 9-14　电源管理和接口图

始工作。初始化后,GPIO 管脚输出高电平,电源芯片的使能管脚由单片机输出的高电平持续使能,即使用户断开 key1 也可正常工作。

单片机通过定时器或者 FreeRTOS 的线程,监测用户是否有按键操作,一段时间没有操作的话,可以通过控制 GPIO 管脚输出低电平,电源芯片停止工作,仪表断电,也可以通过调节液晶屏背光灯亮度,实现省电功能。

读者可以通过控制单片机的 GPIO 管脚电平,编写软关机和自动关机程序:仪器通过触摸屏按键软关机;如果用户 1 分钟没有按键,则自动关机。

2. 扩展板整体电路原理图和 PCB

扩展板配备的 Arduino 接口,可以直接插接在 STM32F4691-DISCO 开发板。读者可以使用 ADS 或其他 EDA 软件,设计信号调理电路和电源电路的原理图和 PCB。整个扩展电路板参考电路如图 9 - 15、图 9 - 16 所示。

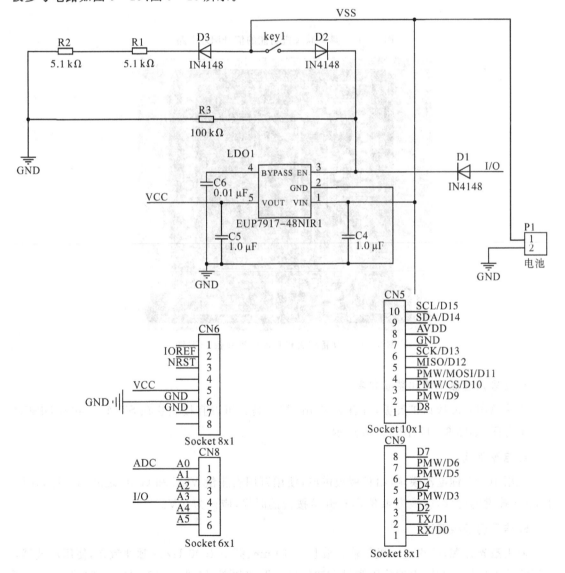

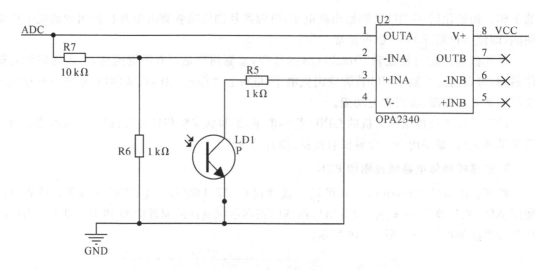

图 9-15　具备软关机功能的信号调理电路

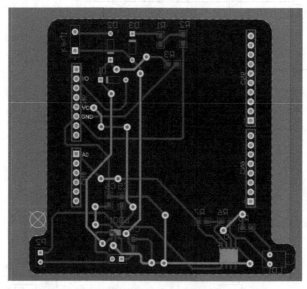

图 9-16　具备软关机功能的扩展板 PCB 图

3. 信号调理板焊接和装配参考

焊接 Arduino 接口扩展板，查看 Arduino 接口是否可以直接插装在 STM32F469I-DISCO 开发板背面，如图 9-17、图 9-18 所示。

4. 电源测试

使用 16340 锂电池模块，给扩展板供电，使用万用表测量 VCC 和 GND 之间的电压，在按下 key1 按键的时候，应该为 4.8 V，松开该按键的时候，应该为 0 V。

5. 信号调理板调试

使用激光光源，给光电二极管输入波长 1310 nm、频率 1000 Hz 的脉冲激光，使用示波器，从运算放大器输入和输出端分别测量方波信号波形和频率，如图 9-19～图 9-21 所示。

图 9 - 17　Arduino 接口的信号调理板正面

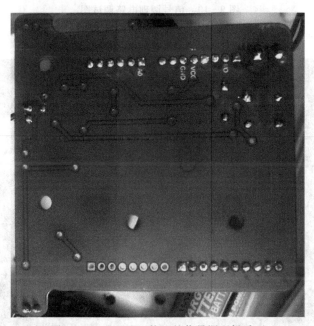

图 9 - 18　Arduino 接口的信号调理板反面

　　读者根据波形图,选择运放芯片配套合适的电阻,使得信号幅值在 3.3 V 以下。如果信号调理板输出信号无误,将信号调理板插接在单片机端,在触摸屏查看采集到的波形,如图 9 - 22 所示。

　　至此,信号调理板调试完毕。

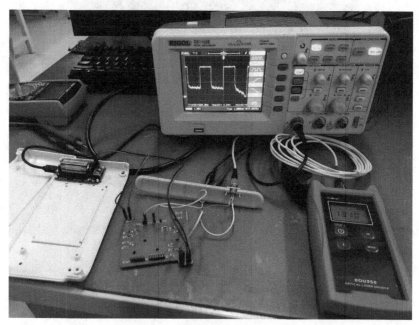

图 9-19　信号调理电路调试图

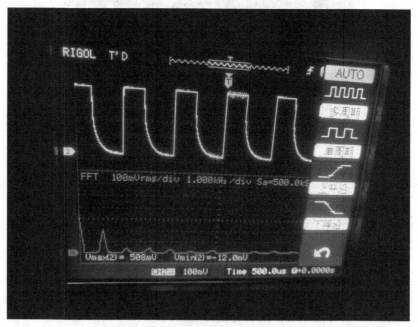

图 9-20　输入的 1 kHz 激光信号在调理板放大之前的波形

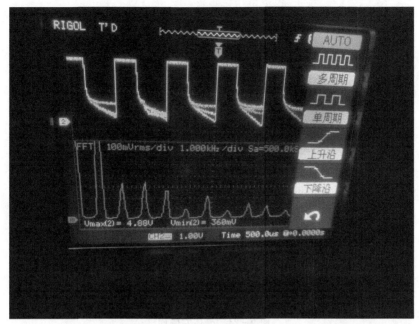

图 9 - 21　输入的 1 kHz 激光信号在调理板放大之后的波形

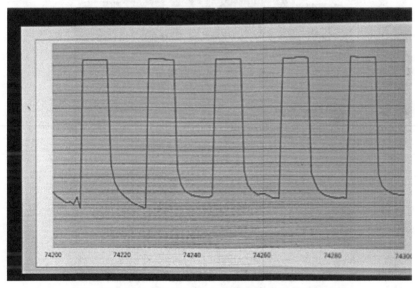

图 9 - 22　输入的 1 kHz 激光信号使用开发板采样波形

9.3　使用万用板的信号调理电路装配

本实验采用可充电锂电池供电,所有元器件可以通过电商采购获得,清单见表 9 - 1。

电源模块、开关和电池见图 9 - 2。选用的巴哈尔便携式仪表壳体如图 9 - 23～图 9 - 26所示。

图 9 - 23　壳体正面

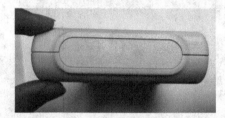

图 9 - 24　壳体左侧面

图 9 - 25　壳体前侧面

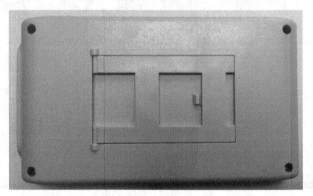

图 9 - 26　壳体背面

　　(1)打开壳体,在壳体背面打孔,安装螺丝和螺柱,如图 9 - 27 所示,安装电池和电源模块,然后在壳体侧面合适的位置开口,将电源模块的 USB 接口露出,方便充电,如图 9 - 28 所示。

　　(2)通过在壳体上合适的位置开孔和安装螺丝,如图 9 - 29 所示,安装开关和 STM32F429 开发板、信号调理板,然后将开关串联在电源线负极上,如图 9 - 30 所示。

　　(3)装上壳体前盖和侧板,给触摸屏面板开口,贴上仪器面板,光功率计组装完成,如图 9 - 31~图 9 - 34 所示。

图 9 - 27　固定电池座板的螺丝开孔位置图

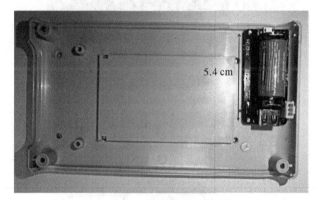

图 9 - 28　电源模块安装图

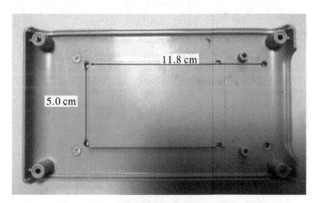

图 9 - 29　固定开发板的螺丝开孔位置图

图 9-30　仪表内部安装图

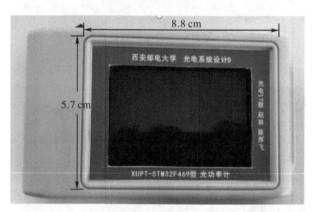

图 9-31　光功率计正面图及触摸屏开口尺寸

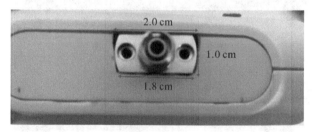

图 9-32　光功率计侧面光电二极管接口尺寸

图 9-33　光功率计侧面开关开口尺寸

图 9-34　光功率计侧面开关安装图

9.4   Arduino 接口信号调理电路装配

如果使用的是 Arduino 接口信号调理电路和电源电路,装配方案类似,西安邮电大学光电专业部分学生安装和测试现场图如图 9-35～图 9-39 所示,供读者参考。读者可以选择自己喜欢的壳体,编写具有个人风格的界面,进行测试。

壳体开口电钻和各种刀片

给壳体开口

光电二极管装配

USB充电开口

触摸屏开口

开关开口和装配

图 9-35   西邮光电专业课程设计装配现场图

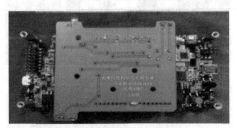

调理板和开发板装配

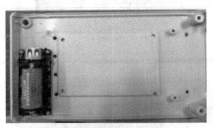

锂电池装配

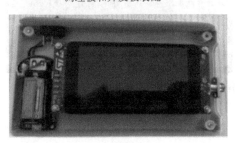

各部分用螺丝固定

整体装配完成

图 9-36   Arduino 接口的信号调理板装配图

仪表上电

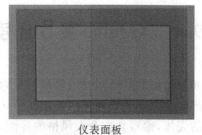

仪表面板

前侧面：光电二极管接口

贴上面板

后侧面：开关、电源指示灯、充电口

图 9-37　整体装配图

图 9-38　装配完成的学生作品

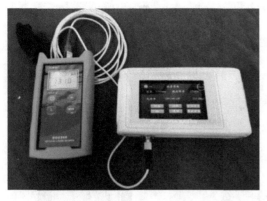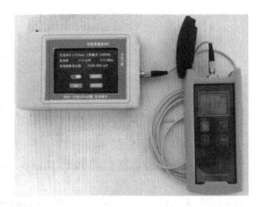

图 9-39　装配完成的学生作品测试图

9.5　系统校准和测试

打开电源开关,给光功率计上电,如图 9-40 所示。以下部分作品的程序界面,来自西安邮电大学光电专业不同学生的作品,读者可以参考第 8 章的内容,按照自己的设计,添加开机界面、动画效果,更换背景图片等。

图 9-40　光功率计开机界面(西邮学生作品图)

使用光纤,将多模激光器输出接口接到光功率计的光电二极管输入接口,调节光源分别输出 1310 nm、1550 nm 波长的激光,并调节输出频率为 270 Hz、1000 Hz、2000 Hz,进行测试,记录光功率计各项 AD 转换的电压幅值,如图 9-41 所示。

使用实验室标准光功率计进行重新测试,记录各种波长和频率情况下标准光功率数据的值,计算标准光功率和所测电压之间的比例系数,更新程序,重新下载一次,校准完成。

最后再次开机,重新使用光源,调节不同频率和波长的激光输出,再次测试一次,记录测得的各项光功率的值,与光功率标准值比对,计算测量误差。

如果误差较大,读者可以修改程序,采用多次测量取平均值、中值滤波等方式,提高测试精度和稳定性。

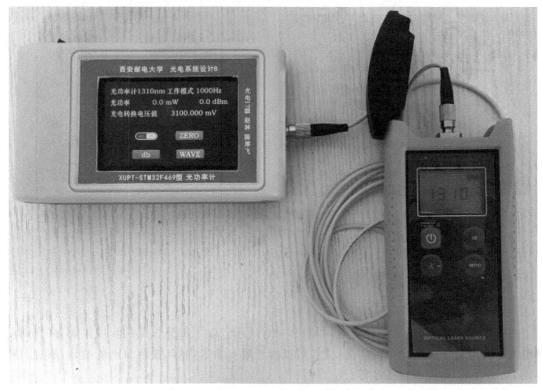

图 9-41　系统测试图

9.6　本章作业

（1）市面上所售某款光功率计参数如下：光功率测量范围，－70～＋10 dBm；显示分辨率，0.01 dBm；准确度，±5％（－70～＋3 dBm）。参考以上指标，分析本章设计的光功率计，从功能、性能、成本、体积、功耗，与市面工业制成品进行比对，提出持续改进的方案。

（2）按照本章内容，采购器件和工具，可采用万用板，完成信号调理电路的焊接和整机的装配，并进行系统测试。

（3）学有余力的同学，设计 Arduino 接口的 PCB，含电源管理功能，完成整机装配和测试。

（4）查询绝对功率（单位 dBm）的物理意义，以及其与电压幅值之间的关系，完善上一章程序，从采样得到的电压波形和幅值，计算得出绝对功率，并在触摸屏上的"textOpticalPower"文本框进行显示。

（5）在第 8 章程序基础上，完善软关机功能。通过点击触摸屏"toggleButton"按键，可实现软关机。参考 9.2.3 节，可以通过控制单片机的 GPIO 管脚电平来实现此功能。

（6）完善电源管理功能。编写自动关机程序，如果用户 1 min 没有按键，则自动关机。如果用户 30 s 没有按键，将液晶屏亮度调为原来的一半，再次按键恢复亮度。计时可采用定时器，或者 FreeRTOS 的线程来实现。

（7）增加校准功能。如果测试数据与实际值有偏差，用户可以通过校准界面自行校准，将校准参数存储在开发板自带的 EEPROM 中,掉电不丢失。EEPROM 存储器的用法,可参考 STM32Cube_FW_F4 固件中"\Projects\STM32469I-Discovery\Applications"目录下"EEP-ROM"文件夹里的示例工程。

在上一章程序的基础上,设计光功率计校准界面,编写校准程序,参数存储在 EEPROM,使用标准激光光源和标准光功率计,对本仪器进行比对校准,参数存储在 EEPROM,掉电不丢失。

(8)改进简易的信号调理电路,参考上一章的程控放大电路,采用模拟开关进行程控放大,配备外置 16 位或以上高精度 ADC(例如 ADC1115),设计一款可以分段校准的光功率计,编写校准程序,进行测试。

第 10 章 基于 TouchGFX 的激光光源

10.1 激光光源简介

随着半导体技术的快速发展,光纤通信技术测试需求不断增强,基于法布里-珀罗干涉原理的小型分布反馈式半导体激光器已经成为光纤通信系统中必备的信号源。其中,波长为 1310 nm 和 1550 nm 的光源主要针对单模光纤干线中的信号,其输出光功率一般在 mW 级,通常用于光纤通信工程的现场施工、维护以及光纤有线电视和光纤用户网的测试。

为了测量光纤系统的传输距离、传输损耗和插入损耗等指标,使系统达到应有的技术要求,需要对光缆及全系统进行系列的检验和测量。在测量过程中,通常采用红外激光光源作为输入信号。此外,红外激光光源也广泛用于光无源器件损耗测量,探测器波长响应度测试,光纤、光缆及光器件环境特性测试,与手持式光功率计配合使用,组成一个光损耗测量系统。

常用的小型同轴激光器的内部由激光二极管(laser diode,LD)以及用于光功率监测的光电二极管(photoelectic diode,PD)组成,其结构形式如图 10 - 1 所示。LD 发出的光线中有一小部分被耦合到 PD 进而实现对输出光功率的监测。PD 是对输出光功率进行稳定调节的关键。

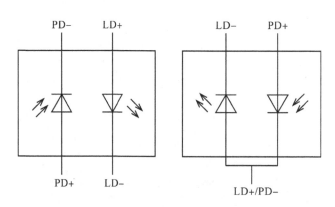

图 10 - 1 典型激光光源原理图

入门级的激光光源,可以省略光功率监测的 PD,使用仪表处理器自带的 DAC、定时器,配合按键,可以改变输出的驱动电压、信号频率,选择光源波长。常见的某型激光光源介绍如下。

(1)某型多模激光光源特点:

①高稳定度多波长单(多)模激光输出,CW 方式或者调制方式;

②LCD 显示工作波长及调制状态;

③可切换工作波长频率,操作灵活方便。

(2)某型多模激光光源应用场合:

①电信工程与维护;

②有线电视工程与维护;

③综合布线系统;

④其他网络的施工与维护;

⑤科研机构的实验室、学校的教学仪器配备等。

(3)某型多模激光光源技术指标,如表 10-1 所示。

表 10-1　某型多模激光光源技术指标表

工作波长/nm	1310、1550
发光器件	FP-LD
输出功率(典型值)/dBm	-7
内部调制频率/Hz	270、1000、2000
适用光纤	SM、MM
光接口	FC、PC

(4)某型多模激光光源控制面板功能:

①光输出端:可用 FC 型光纤连接器与被测器件的信号接收端相连。

②LCD 显示屏:显示输出的光波长值、频率值。

③"ON/OFF"键:按下该键,打开或关闭光源。

④"WAVE"键:按下该键,可以选择不同的输出波长值,并在 LCD 显示。

⑤"MODE"键:切换光源的调制频率。在 270 Hz、1000 Hz、2000 Hz 之间进行切换。

(5)某型多模激光光源(见图 10-2)使用说明:

①将光纤连接器接入光输出端口。

②按下"ON/OFF"键打开仪器,工作指示灯亮。

③通过"WAVE"键来调整光源的波长。

④通过"MODE"键来调整光源的调制频率。

⑤光源的工作状态可在仪表的液晶屏上显示。

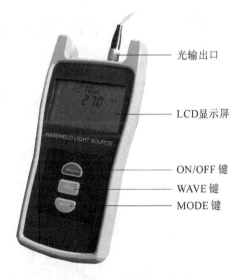

光输出口

LCD显示屏

ON/OFF 键

WAVE 键

MODE 键

图 10-2　某型多模激光光源图

10.2 实验目的和实验内容

10.2.1 实验目的

(1)了解和掌握便携式激光光源的基本功能、光电转换原理和实现的方法。

(2)掌握激光光源功率驱动、反馈调节电路、仪表电源电路的设计方法，提升使用 EDA 软件设计原理图和 PCB 的工程能力。

(3)掌握使用 TouchGFX 和 C++语言开发人机界面方法，配合 CubeMX 设计定时器、DAC、GPIO 等外设的驱动程序，提升嵌入式程序编写能力。

(4)掌握结构设计、电路焊接、系统组装、校准测试方法，提升综合运用光电传感与检测、模拟电路、嵌入式系统、结构设计等知识的能力。

(5)从成本、性能、功耗、外观等方面，与在售的光源比对，以结果为导向，学生能自主改进设计方案，提升解决复杂光电工程问题的能力。

10.2.2 实验内容

(1)按照某型便携式激光光源的功能，使用 STM32F469I-DISCO 开发板，以及 TouchGFX 4.18.1＋CubeMX 5.30＋MDK 5.28 软件，参考图 10-3，设计光源人机交互界面。基本功能如下：

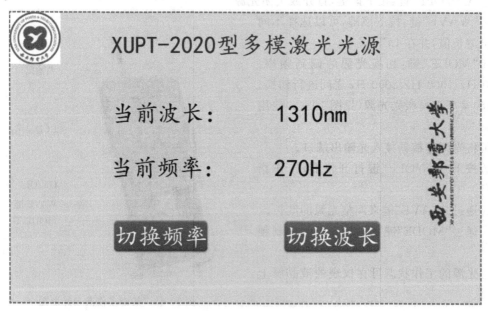

图 10-3 仪器参考界面

①主界面包括"切换波长""切换频率"按键,以及相应的显示控件,显示当前输出的激光波长和频率。

②编写"切换频率"按键的消息响应函数,使用 DAC 的 PA4 输出通道,输出频率为 270 Hz、1000 Hz、2000 Hz 的方波,可通过触摸屏来切换输出信号的频率,并显示当前信号频率。

(2)设计信号调理电路。

选择一种激光器,设计光源功率驱动、反馈调节、电源电路,使用电池进行驱动,输出不同频率的激光,功率达到 5 mW。选择合适的壳体,完成结构设计、电路焊接、系统组装、校准测试,并从性能、成本、外观等方面,对本章提出的参考设计方案进行分析和改进。

10.3　激光光源程序设计

10.3.1　使用 TouchGFX 编写激光光源人机交互界面

(1)打开 TouchGFX 4.18.1,选择开发板"STM32F469I-DISCO",新建空白模板工程,注意工程路径及工程名中不能有中文。

将本例程所需的背景图片复制到本工程的"images"文件夹,位于工程路径下的"..\TouchGFX\assets\images"位置。该文件夹里除了本项目所需的 PNG 格式图片之外,不要有其他任何文件或文件夹,图片文件名也不能含中文。

(2)在 TouchGFX 设计界面,依次添加背景图片,显示波长和频率的文本框"textWaveLength""textFreq",切换波长和频率的按键"buttonChangeWaveLength""buttonChangeFreq",以及显示仪表名称型号的文本框"textHeadline",如图 10 - 4 所示。

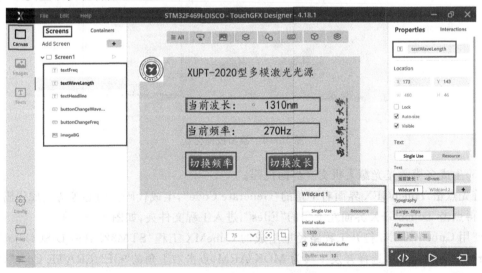

图 10 - 4　本实验拟编写的仪表人机交互界面

注意,由于文本框"textWaveLength"和"textFreq"要显示整型变量,需要用"<d>"来表示变量,并设置固定缓存区为 10 个字节。

(3)修改文本显示框字体为"Kaiti"(或者其他中文字体),以便支持中文显示。修改文本框显示范围,以便显示变量,如图 10-5 所示。

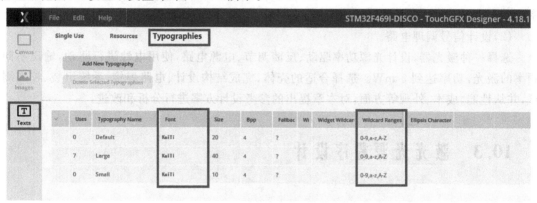

图 10-5　修改字体和变量显示范围

(4)添加按键的交互操作。

为"切换频率""切换波长"按键,分别添加交互,用户点击按键时,将调用"funcChange-Freq"和"funcChangeWaveLength"函数,来执行消息响应操作,如图 10-6 所示。

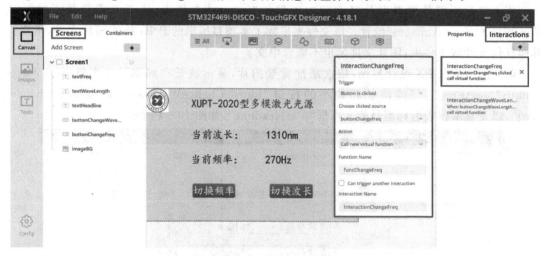

图 10-6　添加按键交互

(5)生成多模激光光源人机交互界面代码。

首先点击 TouchGFX 界面右下角的"Generate Code",生成代码。耐心等待生成代码成功之后,再点击 TouchGFX 界面左下角的"Files",进入工程文件夹,如图 10-7 所示。

使用 CubeMX 6.3 打开工程路径里生成的 CubeMX 工程"STM32F469I-DISCO.ioc",点击"Project Manager",选择开发工具为 MDK-ARM,点击右上角的"GENERATE Code",生成代码,如图 10-8 如所示。

耐心等待 CubeMX 生成代码完成之后,返回 TouchGFX 编辑界面,软件弹出对话框,提示

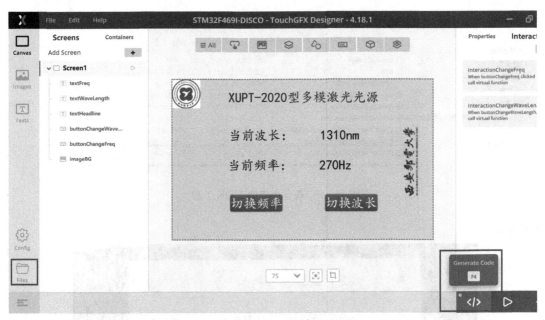

图 10 - 7　使用 TouchGFX 生成界面代码

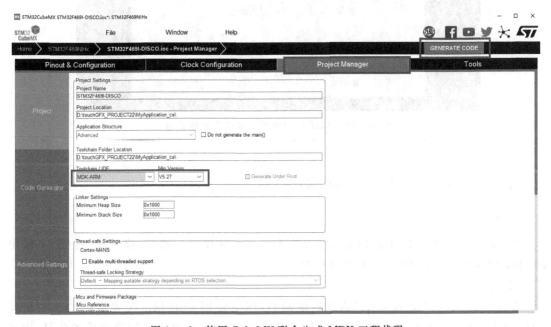

图 10 - 8　使用 CubeMX 联合生成 MDK 工程代码

发现工程在外部被修改了，按照提示点击"save"，重新导入代码，然后再次在 TouchGFX 软件界面点击右下角的"Generate Code"，重新生成 MDK 代码。

耐心等待 TouchGFX 再次生成代码完成之后，回到工程路径，使用 MDK 打开生成的工程文件，如图 10 - 9 所示。

（6）程序下载。

使用 MDK 编译，以 ST-Link 下载生成的 HEX 文件，查看人机交互界面效果，如图 10 -

图 10-9　联合生成的 MDK 工程

10 所示。

图 10-10　XUPT-2020 型多模激光光源界面

10.3.2　编写触摸屏消息响应设计函数

（1）程序功能。

光源输出信号频率的初始值设置为 270 Hz，点击触摸屏上的"切换频率"按键，可输出 270 Hz、1000 Hz、2000 Hz 不同频率的信号。

（2）程序设计思路。

首先为工程添加"切换频率"消息响应函数，然后使用 CubeMX 配置定时器 2 中断及 DAC，在中断响应函数里面编写代码，更改定时器 2 的参数，以输出不同频率模拟信号，用来驱动 1310 nm 的激光器。最后通过示波器查看 PA4 管脚的输出信号波形，进行功能确认。

1. 定时器 2 和 DAC 配置

（1）使用 CubeMX 配置定时器 2。

点击工程路径里的 CubeMX 工程"STM32F469I_DISCO"，使用 CubeMX 打开该工程。使用 CubeMX 添加定时器 2，并开启定时器 2 的全局中断。定时器 2 的配置如图 10-11 所示。

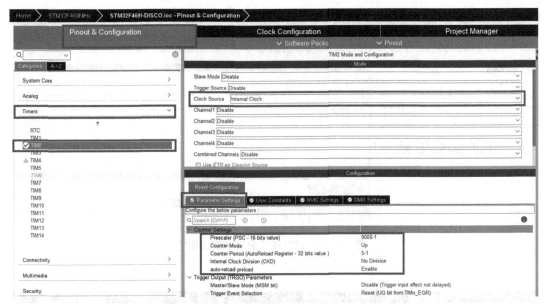

图 10-11　定时器 2 相关配置和初始化值

（2）定时器中断产生的周期计算方法。

如图 10-11 所示，本例程初始化配置中，设置的预分频 Prescaler 初始值为 9000-1，Counter Period 为 5-1。通过 CubeMX"Clock Configuration"时钟树界面，查到定时器 2 对应的 APB1 时钟频率为 90 MHz。

Prescaler 初始值为 9000-1，是将系统 APB1 时钟（90 MHz）预分频为 90 MHz/9000，然后（Counter Period+1）个时钟周期后产生一次中断，则定时器中断频率为 90M/（（Prescaler+1）*（Counter Period+1））=2000 Hz，即 0.5 ms 进入一次定时器 2 的中断，这是仪器默认的初始值。

在设计的定时器中断响应函数中，编写代码，每次进入定时器 2 的中断时，将 PA4 管脚的电平输出反转一次，需要两次定时器中断才能产生一个完整方波，则 PA4 管脚默认输出的方波频率为 2000 Hz/2=1000 Hz。

在例程中，需要切换输出不同频率的方波，定时器中断的频率必须是可调的。通过改变按键的消息响应函数中 Prescaler 和 Counter Period 的值，就可以改变定时器 2 中断的频率，从而改变输出信号的频率，如图 10-12 所示。

（3）使用 CubeMX 添加 DAC 输出通道。

本例程将以 DAC 的 PA4 为输出通道，输出不同频率的模拟信号。在后面的驱动电路设计中，将使用 PA4 管脚驱动 1310 nm 激光器。DAC 的配置如图 10-13 所示。

配置好定时器 2 和 DAC 之后，点击 CubeMX 右上角的"Generate Code"，重新生成 MDK 工程代码。

2. 设计定时器 2 和 DAC 程序

（1）回到工程路径，使用 MDK 重新打开 keil 工程文件。如果前面没有关闭该工程，则重新加载代码即可。在 main.c 中声明表示频率和输出电平的全局变量"freq""voltage"，并初始化，如图 10-14 所示。

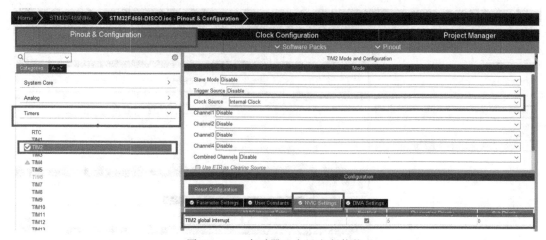

图 10-12　定时器 2 全局中断使能

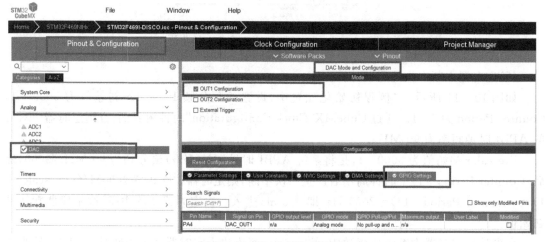

图 10-13　DAC 相关配置图

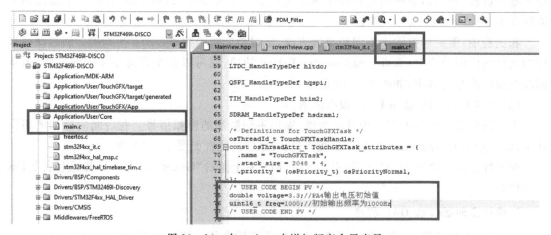

图 10-14　在 main.c 中增加频率全局变量

（2）在"Screen1View. hpp"头文件添加"切换频率"按键的响应函数"funcChangeFreq( )"

声明,作为"Screen1View"类的公有成员函数,如图 10 - 15 所示。

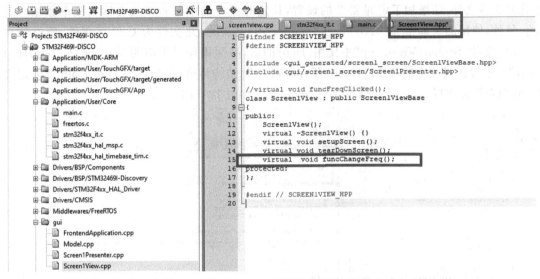

图 10 - 15　在 Screen1View. hpp 中声明"切换频率"按键的消息响应函数

(3)在"Screen1View. cpp"源文件里面添加"切换频率"按键的响应函数"funcChangeFreq
()"的代码。当用户点击"切换频率"按键时,程序会调用该消息响应函数,执行相关代码。该
函数作用:当用户点击"切换频率"按键后,改变频率变量的值,并在"textFreq"文本框更新显
示当前频率值。

```
void Screen1View::funcChangeFreq()
{
//三种频率轮流切换
if(freq = = 270)
freq = 1000;
else if(freq = = 1000)
freq = 2000;
else if(freq = = 2000)
freq = 270;
Unicode::snprintfFloat (textFreqBuffer,10," % d",freq);//更新频率显示缓存区
textFreq. invalidate();//更新显示文本框
HAL_TIM_Base_Stop_IT(&htim2);//停止定时器 2 的中断
htim2. Init. Period = 10000/(freq * 2) - 1;//重新设置定时器 2 的计数值,改变输出频率
if(HAL_TIM_Base_Init(&htim2)! = HAL_OK)//重新初始化定时器 2
{
Error_Handler();
}
HAL_TIM_Base_Start_IT(&htim2);//重新打开定时器 2 的中断
}
```

（4）在"funcChangeFreq()"消息响应函数中，除了频率全局变量"freq"随触摸屏消息响应变化并显示之外，还增加了定时器 2 的设置，让定时器 2 的中断频率随着输出频率做相应变化。另外，使用的全局变量"freq"是在"main.c"中定义的，此文件为 C 语言文件，所以若在 C＋＋源文件"Screen1View.cpp"中使用"freq"的话，必须添加引用声明"extern "C" uint16_t freq;"。本段代码使用的 TIM_HandleTypeDef 类型结构体变量"htim2"是在 main.c 中定义的，同理必须先加以声明，并包含头文件"main.h"，如图 10-16 所示。

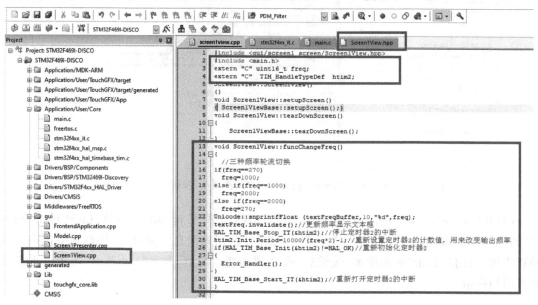

图 10-16　在 Screen1View.cpp 中增加全局变量声明

（5）在主函数 main 的初始化部分中，添加代码"HAL_TIM_Base_Start_IT(&htim2);"，启动定时器 2 的全局中断，添加代码"HAL_DAC_Start(&hdac,DAC_CHANNEL_1);"，启动 DAC，如图 10-17 所示。

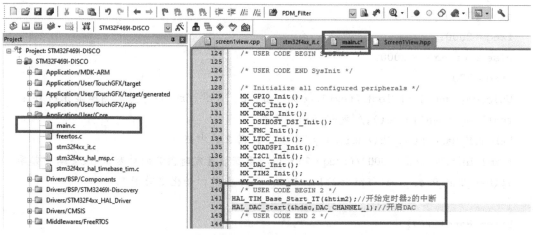

图 10-17　在主函数中启动定时器 2 的全局中断和 DAC

（6）在中断响应文件"stm32f4xx_it.c"中完善定时器 2 的中断响应函数，实现输出不同频率方波的功能。

要使用的"hdac""voltage"全局变量,是在 main. c 中定义的,因此在"stm32f4xx_it. c"中使用的话,需提前声明,如图 10 - 18 所示。为了输出方波,定义了高低电平切换的标志位"flag",通过定时器 2 中断函数,"flag"在 1 和 0 之间来回切换,于是可以通过 DAC 输出管脚输出占空比为 50% 的方波。定时器 2 中断响应函数如下:

```
void TIM2_IRQHandler(void)
{
   /* USER CODE BEGIN TIM2_IRQn 0 */
   /* USER CODE END TIM2_IRQn 0 */
   HAL_TIM_IRQHandler(&htim2);
   /* USER CODE BEGIN TIM2_IRQn 1 */
//8 位 DAC 模式,voltageREG 强制转换为 8 位整型
   uint8_t voltageREG = (uint8_t)(voltage * 255/3.3);if(flag == 0)
   {
       flag = 1;
       HAL_DAC_SetValue(&hdac,DAC1_CHANNEL_1,DAC_ALIGN_8B_R,voltageREG);
                                                    //PA4 输出 3.3 V 电压
   }
   else
   {
       flag = 0;
       HAL_DAC_SetValue(&hdac,DAC1_CHANNEL_1,DAC_ALIGN_8B_R,0);
                                                    //PA4 输出 0 V 电压
   }
   /* USER CODE END TIM2_IRQn 1 */
}
```

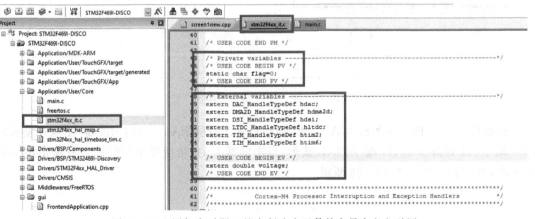

图 10 - 18　添加定时器 2 的中断响应函数的变量定义和引用

对于 HAL_DAC_SetValue(&hdac, DAC_CHANNEL_1, DAC_ALIGN_8B_R, voltageREG)的说明如下：

第一个参数表示取 DAC 的句柄，"hdac"是在 main.c 中定义的全局变量结构体；

第二个参数表示选择 DAC 输出通道，DAC_CHANNEL_1 通道对应 PA4 管脚；

第三个参数表示设置 DA 变化传递参数格式为 8 位变量(即数字 0~255 对应模拟的 0~3.3 V)。该单片机也可设置为 12 位 DAC 模式，读者可以自行修改，体会不同；

第四个参数表示 DA 输出变量的数字值，格式为 uint8_t(范围 0~255)。例如 1.67 V 对应的数字量就是(1.67/3.30)×255=128，255 对应满量程输出值 3.3 V。

(7)编译、下载，点击仪器面板上"切换频率"按键之后，查看当前频率显示值是否变化。

3. 输出频率、电压测试

查看 STM32F469I-DISCO 开发板的原理图(官方文档"mb1189.pdf")"Arduino UNO connector"部分，如图 10-19 所示。

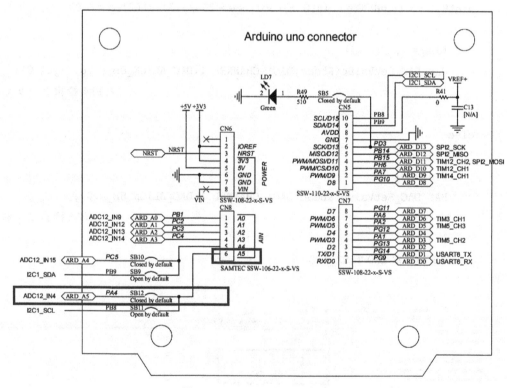

图 10-19 DAC 接口电路图

查看 CN8 端子的输出管脚 6(A5)，找到 DAC 输出管脚 PA4。使用示波器，测量开发板的 CN8 端子 A5 管脚和 CN11 端子 GND 波形，点击屏幕上的"切换频率"按键，查看输出波形是否正确，如图 10-20～图 10-25 所示。

图 10-20　输出 270 Hz 幅值 3.3 V 方波界面图

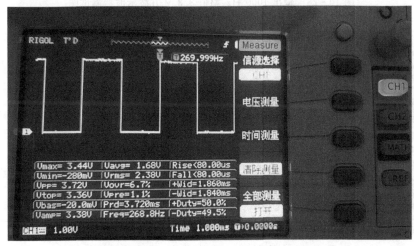

图 10-21　输出 270 Hz、幅值 3.3 V 方波示波器测试图

图 10-22　输出 1000 Hz、幅值 3.3 V 方波界面图

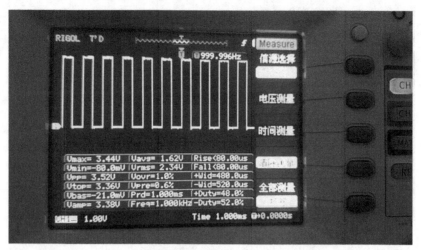

图 10-23　输出 1000 Hz、幅值 3.3 V 方波示波器测试图

图 10-24　输出 2000 Hz、幅值 3.3 V 方波界面图

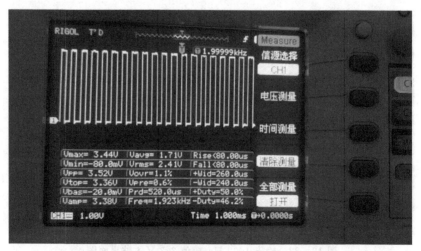

图 10-25　输出 2000 Hz、幅值 3.3 V 方波信号示波器测试图

10.4 激光光源的硬件设计

激光光源硬件部分主要有 STM32F469I-DISCO 开发板、自动关机电路、光源驱动电路、1310 nm 激光器、仪表壳体、电池。

仪器采用 5 V 直流供电，自动关机电路采用硬件方式设置自动关机时间。然后输出 5 V 直流电驱动 STM32F469I-DISCO 开发板，开发板上有 3.3 V 的直流电源，作为激光驱动电路的驱动电压。再从 STM32F469I 开发板，使用 PA4 管脚输出 270 Hz、1000 Hz、2000 Hz 的方波，作为激光光源的 CW 频率调节信号源，最后用激光驱动电路驱动 1310 nm 激光发射管输出激光脉冲。激光光源主要硬件组成框图如图 10-26 所示。

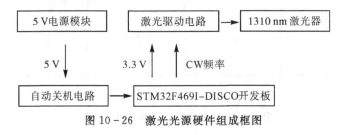

图 10-26 激光光源硬件组成框图

10.4.1 激光光源的硬件驱动电路及自动关机电路

(1)需要设计的激光光源硬件主要分为两部分：驱动激光器的驱动电路和自动关机电路，总的原理图如图 10-27 所示。

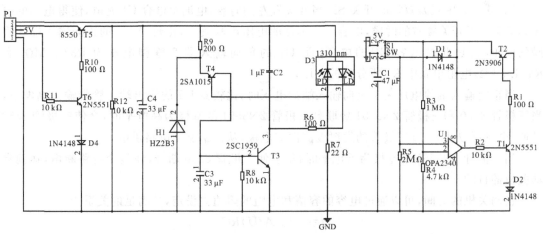

图 10-27 激光光源硬件原理图

(2)激光器的驱动电路如图 10-28 所示。

图中 D3 为激光器，含 1310 nm 的 LD 和 PD。T3 是高频小功率 NPN 型三极管，型号为 C1959，起开关作用，使 D3 发射的激光成为脉冲信号。PD 用来耦合 LD 发射的部分激光，通

159

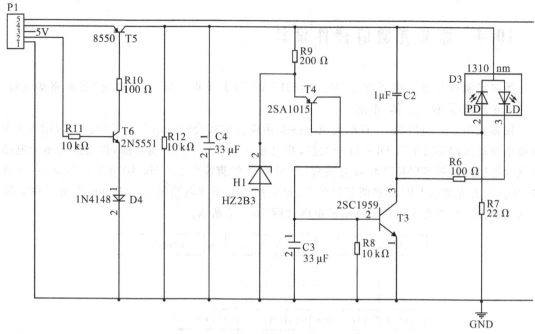

图 10 - 28 激光发射管的驱动电路图

过三级管 T4 和 T3 级联,构成负反馈电路,从而使 LD 所发射的激光功率趋于稳定。

单片机 PA4 管脚通过 Aduino 接口,连接 P1 端子的管脚 2,将 270 Hz、1000 Hz、2000 Hz 频率的方波输出到 NPN 型三极管 2N5551 基极,控制 T6 的射极与集电极之间的开关。T6 的集电极控制 T5 的基极,驱动负反馈电路,使 LD 发出的激光形成方波脉冲,并保持功率稳定。

(3)自动关机电路使用电容的放电来达到关机的目的。自动关机电路如图 10 - 29 所示。

图 10 - 29 中双刀双掷的开关 S1,当开关置左的时候,电池给电容 C1 充电,使得电容的电压为 5 V。当开关置右的时候,电容和 2 MΩ 的电阻串联放电,比较器 U1 的正向输入端 3 管脚的电压,就是此时电容 C1 的电压,而 U1 的负向输入端 2 管脚电压为 R3(1 MΩ)和 R4(4.7 kΩ)电阻串联中 R4 所分得的电压。

当正向输入端的电压大于负向输入端的电压时,比较器 U1 的输出端 1 管脚输出高电平, 当三极管 8550 和三极管 2N5551 级联且三极管 2N5551 的基极为高电平时,会使三极管 8550 导通,电流可以从 8550 三极管的发射极流向集电极,从而给驱动电路供电。

当三极管 2N5551 的基极为低电平时,就会使三极管 8550 断开,使整个电路断电,达到自动关机的目的。

自动关机的时间,可以通过电容的容值和电阻的阻值去设定,其满足的关系为

$$t = -\ln(A/U)RC$$

其中 U 为电容的初始电压,A 为终止电压,t 为时间。

10.4.2 激光光源的硬件设计印制电路板

激光电源硬件电路的印制电路板(PCB)如图 10 - 30、图 10 - 31 所示,PCB 上的器件和原

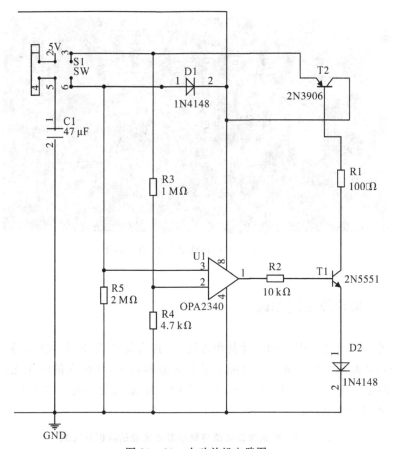

图 10 - 29　自动关机电路图

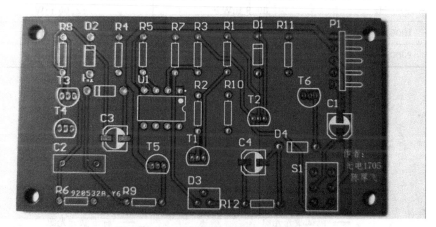

图 10 - 30　未焊接器件 PCB 正面图

理图严格对应,读者可以自行核对。激光器可以选择重庆华峰或北京敏光等厂家生产的小型激光器。

图 10-31　焊接器件之后 PCB 正面图

10.4.3　激光光源系统测试

读者可参考第 9 章光功率计的设计制作方法，选择合适的壳体，将硬件电路、单片机开发板、壳体、电池组装起来。使用光功率计测量激光光源的功率，和标准的激光光源进行数据对比，允许有合理误差。表 10-2 和图 10-32～图 10-38 是西安邮电大学光电专业 2017 级某同学测试数据和现场测试图。

表 10-2　测试激光光源与标准激光光源的数据对比表

频率	测试激光光源功率	标准激光光源功率
270 Hz	30.9 mW	32.06 mW
1000 Hz	7.498 mW	7.177 mW
2000 Hz	5.767 mW	6.622 mW

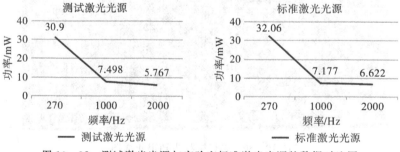

图 10-32　测试激光光源与实验室标准激光光源的数据对比图

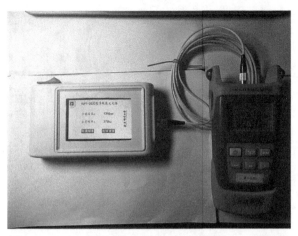

图 10 - 33　光功率计采集测试激光光源 270 Hz 数据图

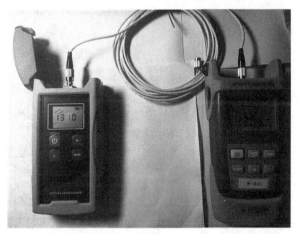

图 10 - 34　光功率计采集标准激光光源 270 Hz 数据图

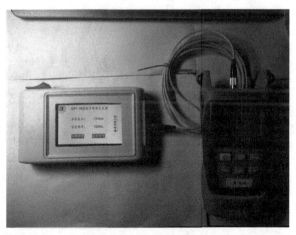

图 10 - 35　光功率计采集测试激光光源 1000 Hz 数据图

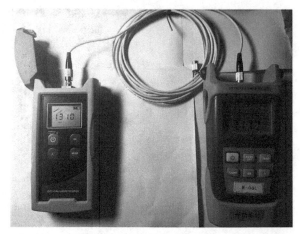

图 10-36　光功率计采集标准激光光源 1000 Hz 数据图

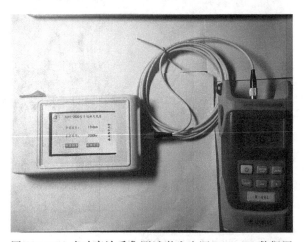

图 10-37　光功率计采集测试激光光源 2000 Hz 数据图

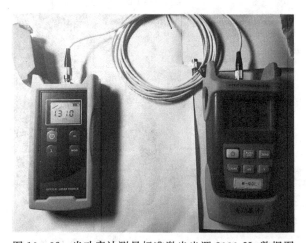

图 10-38　光功率计测量标准激光光源 2000 Hz 数据图

10.5　本章作业

（1）理解本例程中，硬件自动关机的原理，以及光源驱动的功率负反馈原理。可使用 Mutisim 进行仿真，加深理解。

（2）参考第 9 章的电源电路部分，修改硬件电路，使得自动关机时间可以通过触摸屏进行调节。

（3）采用 Arduino 接口设计本章的硬件电路，且将该硬件电路直接和 STM32F469I-DISCO 开发板的 Arduino 接口进行对接，无需飞线，装配更简单。

（4）对设计光源从成本、功能、体积、仪表待机时间、美观程度、重量、便携性等方面进行全方位分析，并和实验室标准光源进行比对，从市场角度提出商业化分析意见，思考怎样改进。

（5）学习 STM32F4 固件包中的"EEPROM"例程，并移植到本程序，使得用户调节输出频率之后，将参数存储在 EEPROM 中，掉电不丢失，下次开机之后，自动使用上次关机前的频率设置。

（6）学习 TouchGFX 4.18.1 中的"Scroll Wheel and List Example"，将输出频率切换改用"Scroll Wheel"或"Scroll Wheel List"控件来实现。

（7）修改当前例程，使用 FreeRTOS，通过增加一个线程实现不同频率方波信号输出功能（替代原例程中的定时器 2 的中断）。

第 11 章 基于 TouchGFX 的音频播放器(上)

11.1 音频播放器简介

11.1.1 常见的音频播放器及功能

流媒体音乐横空出世后,大多数人不再从网上下载歌曲,而是直接通过手机上的音乐流媒体 App 听歌。使用 MP3 播放器听歌的时代虽然已经过去了,但是几款经典的便携式音频播放器(如图 11-1 所示),还被许多人怀恋。

图 11-1　几款经典的便携式音频播放器

音频播放器的主要功能如下:

◆播放 WAV、MP3 等格式格式音频文件;

◆显示播放列表和正在播放的歌曲;

◆切换播放曲目;

◆显示和调节播放进度;

◆暂停播放、再次播放、调节音量;

◆选择顺序播放、随机播放、单曲循环模式;

◆音效设置等功能。

11.1.2 音频芯片简介

音频播放器主要由电池、处理器、显示器、音频播放芯片、按键、存储器(一般为 Flash 储存器)等部分组成。使用单片机(或其他嵌入式处理器),读取 Flash 存储器里的音频文件,经过解码,将数字信号通过 DMA 传输到音频播放芯片,再通过耳机或者扬声器进行播放。播放器一般配备实体按键或者触摸屏来进行操控。

常见的音频芯片有 CS43L22、WM8994 系列等。本实验所用的开发板,配置的是 Cirrus Logic 公司生产的 CS43L22 芯片。该芯片是 24 位低功耗立体声数模转换器(DAC),集成了 D 类扬声器放大器和立体声耳机驱动器,采用先进的低功耗电路设计技术,可在不牺牲音频性能的条件下降低功耗。通过高度集成,CS43L22 能够充分延长电池的使用寿命,无需更多外部元件,从而降低了系统成本。

11.1.3　声音数字化理论和 I2S 简介

声音是通过一定介质传播的连续的波,它可以由周期和振幅两个重要指标描述。正常人可以听到的声音频率范围为 20 Hz～20 kHz。现实存在的声音是模拟量,这对声音保存和长距离传输造成很大的困难,一般的做法是把模拟量转成对应的数字量保存,在需要还原声音时再把数字量转成模拟量输出。声音转换的主要参数如下:

采样频率:每秒抽取声波幅度样本的次数。采样频率越高,声音质量越好,数据量也越大。常用的采样频率有 11.025 kHz、22.05 kHz、44.1 kHz、48 kHz、96 kHz 等。

量化位数:每个采样点用多少个二进制位表示数据范围。量化位数也叫采样位数,量化位数越多,音质越好,数据量也越大。常用的采样位数有 8 位、16 位、24 位、32 位等。

声道数:使用声道的个数。立体声比单声道的表现力丰富,但是数据量翻倍。常用的声道数有单声道、立体声(左声道和右声道)。

音频数据量=采样频率(Hz)×量化位数×声道数/8,单位:B/s。

声音数据传输常采用 I2S(Inter-IC Sound)总线,又称集成电路内置音频总线,是飞利浦公司为数字音频设备之间的音频数据传输而制定的一种总线标准。

I2S 主要有三个信号:

(1)串行时钟(SCLK),也叫作位时钟(BCLK),对应数字音频的每一位数据,SCLK 都有一个脉冲。SCLK 的频率=2×采样频率×量化位数。

(2)帧时钟 LRCK(也称 WS),用于切换左右声道的数据。LRCK 为"1"表示传输右声道数据,为"0"表示传输左声道数据。LRCK 的频率=采样频率。

(3)串行数据(SDATA),就是用二进制补码表示的音频数据,MSB→LSB 表示数据由高位到低位依次传输。

(4)有时为了使系统间能够更好地同步,还需要另外传输一个信号 MCLK,称为主时钟,也叫作系统时钟(Sys Clock),是采样频率的 256 倍或 384 倍。

本开发板使用的 STM32F469 单片机,带有串行音频接口(SAI),包含两个独立的音频接口模块,兼容 I2S 等音频协议,连接 CS43L22 音频 DAC。

11.2　实验目的和实验内容

11.2.1　实验目的

通过本次实验，读者可学习 STM32F4 固件包自带的 BSP 例程，学习 SAI、DMA 等外设的配置方法，了解音频芯片 CS43L22 和安全数码卡（secure digital memory card，SD 卡）的工作原理，掌握其驱动程序，了解 FatFs 文件系统，了解 WAV 文件格式以及播放原理。

掌握 TouchGFX 中下拉滚动菜单控件 scrollList、滚动条控件 slider、图标指示控件 imageProgress、仪表指示控件 gauge 的使用方法，体验通过 TouchGFX 设计简单音频播放器的方法。

11.2.2　实验内容

使用 STM32F469I-DISCO 开发板，设计简易音频播放器，基本实验要求如下：

(1)使用 TouchGFX 4.18.1 编写音频播放器界面，结合 SD 卡和 CS43L22 音频芯片，可播放存储在 SD 卡上的 WAV 格式文件；

(2)显示播放列表，顺序播放存储在 SD 卡指定目录里面的所有 WAV 格式文件；

(3)显示正在播放的歌曲名、文件大小、时长、采样率；

(4)可通过按键切换播放曲目；

(5)显示和调节播放进度；

(6)通过按键实现暂停、播放、静音等功能；

(7)通过滚动条实现音量调节功能。

11.3　简易音频播放器人机交互界面设计

11.3.1　新建工程，设置背景图片

打开 TouchGFX 4.18.1 软件，选择"应用模板"为"STM32F469I-Discovery Kit"，新建工程。

将背景图片复制到工程的"images"文件夹里，进入编辑界面，添加背景图片，并添加显示程序标题的文本框"textHeader"，以及显示备注信息的文本框"textRemarks"，调节字体大小和颜色，如图 11-2 所示。

图 11 - 2　添加背景图片和程序标题、备注信息的文本框

11.3.2　添加按键

添加"播放""停止""暂停""静音""上一首""下一首""播放列表"等 7 个按键,分别命名为
"buttonPlay""buttonStop""buttonPause""buttonMute""buttonPreSong""buttonNextSong"
"buttonPlaylist",调节字号大小,如图 11 - 3 所示。

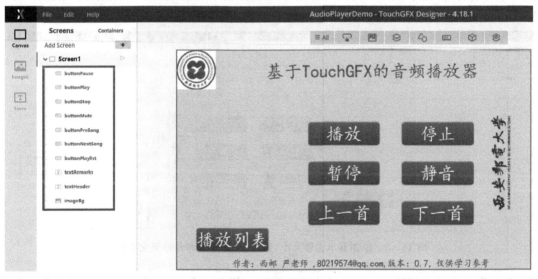

图 11 - 3　添加按键

然后添加这 7 个按键的交互响应,设置点击按键之后的交互为"调用虚函数",调用的交互
响应函数分别命名为"funcPlay""funcStop""funcPause""funcMute""funcPreSong""func-
NextSong""funcPlaylist",如图 11 - 4 所示。

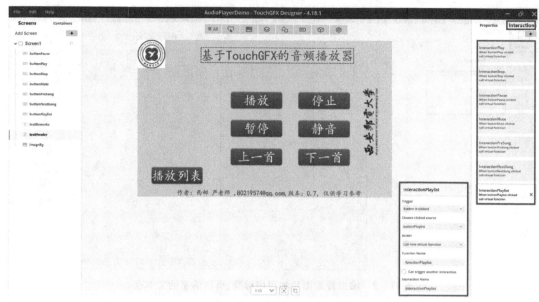

图 11-4　添加按键响应的交互响应函数

11.3.3　添加文本显示框

首先添加文本框，分别显示文件大小、已读取的文件大小、WAV 文件数目、采样频率、音量，分别命名为"textFileSize""textFileSizeAlreadyRead""textFileNO""textAudioFreq""textVolum"，注意用"＜d＞"代表整型变量，如图 11-5 所示。

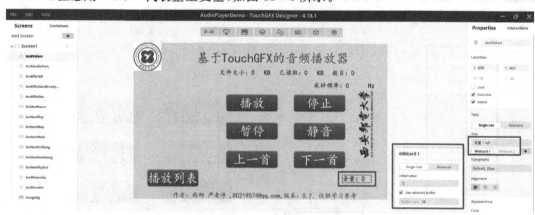

图 11-5　添加显示文件大小、数目、采样频率和音量等文本框

然后添加显示当前播放的文件名的文本框"textPlaying"，注意：用"＜text＞"代表文本变量，后面多加一些空格（因为文件名可能比较长），如图 11-6 所示。

再添加显示音频文件总时长、已播放时长的文本框，分别命名为"textTotalTime""textAlreadyPlayTime"，注意时长用分、秒两个变量来表示，需要用"＜d＞：＜d＞"来代表分和秒两个变量，并分别设置缓存区，如图 11-7 所示。

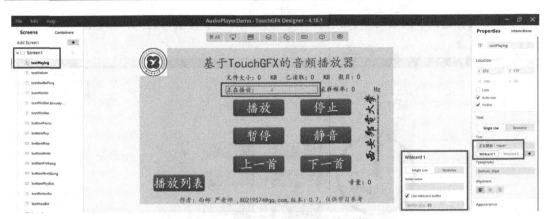

图 11-6　添加显示当前播放文件名的文本框

图 11-7　添加总时长、已播放时长的文本框

11.3.4　添加进度指示器、音量调节滚动条

首先添加显示播放进度的仪表指示盘"gauge",并使用键盘的"Ctrl+F"键,将"textTotal-Time""textAlreadyPlayTime"两个文本指示框移到仪表指示盘"gauge"的上层,并放置在合适的位置,如图 11-8 所示。

图 11-8　添加播放进度指示的仪表盘

然后添加音量调节的滚动条，命名为"slider"，用来调节音量，选择合适的滚动条型号，如图 11 - 9 所示。

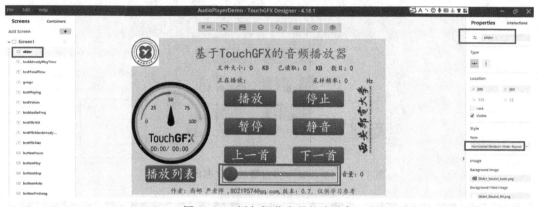

图 11 - 9　添加调节音量的滚动条

添加滚动条滚动后的交互操作，设置消息响应函数，命名为"funcVolumChanged"，如图 11 - 10 所示。

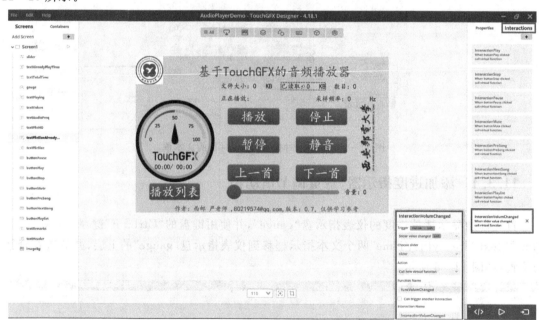

图 11 - 10　添加调节音量的滚动条的交互和消息响应函数

所需的显示播放列表等功能，可以用滚动菜单控件"scrollList"，这些在下章再学习添加。

11.4　学习 STM32F4 控件中的 BSP 程序范例

本示例用的是 STM32Cube_FW_F4_V1.24.2 固件包。打开固件包下的 BSP 工程，路径与用户安装的路径有关，其典型路径如下："..\STM32Cube\Repository\STM32Cube_FW_

F4_V1.24.2\Projects\STM32469I-Discovery\Examples\BSP",安装后阅读"readme.txt"文档,如图 11-11 所示,了解与音频驱动相关的文件。

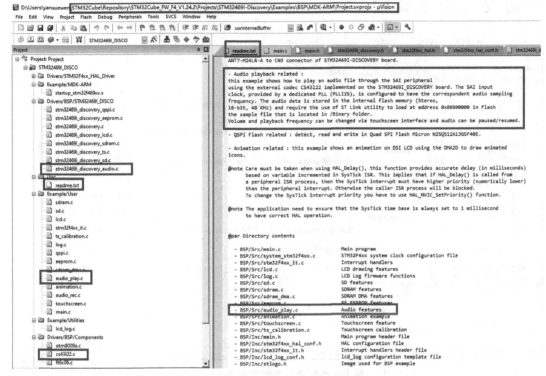

图 11-11　阅读 BSP 例程的说明文档

(1)在"readme.txt"文档中,说明了该例程主要功能,演示如何使用板载的音频芯片、触摸屏、液晶显示器、EEPROM、Flash、SD 卡等硬件驱动程序。其中与音频相关的程序,演示了如何通过 SAI 接口及外部编解码器 CS43L22 播放音频文件。该芯片的 SAI 输入时钟由专用锁相环 PLL(PLLI2S)提供。该程序播放的音频数据(立体声,16 b,48 kHz),需要提前存储在单片机 ROM 的地址 0x80800000 处。即播放音频文件之前,需要提前使用 ST-Link,将位于 Binary 文件夹中的音频文件加载到 ROM 中指定的地址,如图 11-12 所示。音量和播放频率可以通过触摸屏界面更改,音频可以暂停/恢复。

在开发板上接上耳机,使用开发板背部的按键切换,体验音频播放程序效果,耳机中可以听见"hello man"的声音。其播放界面如图 11-13 所示。

(2)查看板载音频驱动 BSP 文件"stm32469i_discovery_audio.c",阅读开发板官方 BSP 用户手册 STM32469I-Discovery_BSP_User_Manual.chm("..\STM32Cube\Repository\STM32Cube_FW_F4_V1.24.2\Drivers\BSP\STM32469I-Discovery"),查看以下文件,了解各个驱动程序的作用:

uint8_t BSP_AUDIO_OUT_Init(uint16_t OutputDevice, uint8_t Volume, uint32_t AudioFreq);//初始化

uint8_t BSP_AUDIO_OUT_Play(uint16_t * pBuffer, uint32_t tSize);//播放

void BSP_AUDIO_OUT_ChangeBuffer(uint16_t * pData, uint16_t Size);

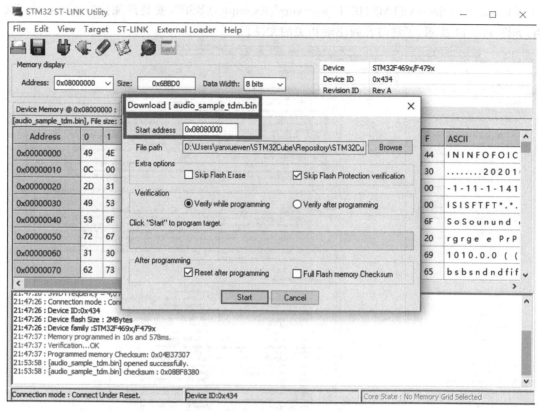

图 11-12　将 bin 音频数据文件下载到 ROM 的指定地址

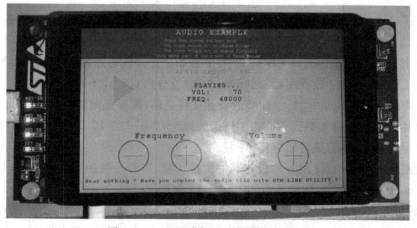

图 11-13　BSP 例程中音频播放的效果

```
//修改缓存区
uint8_t BSP_AUDIO_OUT_Pause(void);//暂停
uint8_t BSP_AUDIO_OUT_Resume(void);//恢复播放
uint8_t BSP_AUDIO_OUT_Stop(uint32_t Option);//停止播放
uint8_t BSP_AUDIO_OUT_SetVolume(uint8_t Volume);//设置音量
```

```
void   BSP_AUDIO_OUT_SetFrequency(uint32_t AudioFreq);//设置频率
void   BSP_AUDIO_OUT_SetAudioFrameSlot(uint32_t AudioFrameSlot);
uint8_t BSP_AUDIO_OUT_SetMute(uint32_t Cmd);//设置静音
uint8_t BSP_AUDIO_OUT_SetOutputMode(uint8_t Output);//设置输出模式
void      BSP_AUDIO_OUT_DeInit(void);//初始化
void      BSP_AUDIO_OUT_TransferComplete_CallBack(void);
//缓存区数据传输完成后的回调函数
void      BSP_AUDIO_OUT_HalfTransfer_CallBack(void);
//缓存区数据传输完成一半后的回调函数
```

这个驱动程序包,已经封装好音频播放所需的初始化、设置音频播放属性等函数。编写程序的时候,应该将文件加入前面 TouchGFX 工程,并在 view 层的"播放""暂停""音量调节"等消息响应函数中,调用相关的驱动程序,实现音频播放相关功能。

(3)查看工程中"audio_play.c"文件,结合开发板下载程序后图 11-13 的效果,了解音频应用层函数"AudioPlay_demo(void)"之中,使用状态机实现触摸屏响应、液晶显示、音频播放和控制的方法。因为本程序使用 TouchGFX 来实现人机交互,所以读者只需大概了解即可,重点关注"BSP_AUDIO_OUT_Init()""BSP_AUDIO_OUT_SetVolume()"等驱动函数的调用,学习怎样调用"stm32469i_discovery_audio.c"中定义的音频播放驱动函数,来实现音频芯片初始化,音频播放、停止,音量控制等功能。

需要重点了解以下两个函数:

①音频播放开始函数:

```
AUDIO_ErrorTypeDef AUDIO_Play_Start(uint32_t * psrc_address, uint32_t file_
size)
{
    uint32_t bytesread;//本次读取的字节数
    buffer_ctl.state = BUFFER_OFFSET_NONE;
    buffer_ctl.AudioFileSize = file_size;//音频文件大小
    buffer_ctl.SrcAddress = psrc_address;//音频文件起始地址
    bytesread = GetData((void *)psrc_address,0,&buffer_ctl.buff[0],
AUDIO_BUFFER_SIZE);//从音频文件读取 AUDIO_BUFFER_SIZE 字节到单片机 RAM 中的缓
                //存区,本例中设置为 2KB
    if(bytesread > 0)
    {
        BSP_AUDIO_OUT_Play((uint16_t *)&buffer_ctl.buff[0], AUDIO_BUFFER_SIZE);
//将 buffer_ctl.buff 缓存区中的 AUDIO_BUFFER_SIZE 字节,通过 DMA 方式传输到音频
//芯片进行播放
        audio_state = AUDIO_STATE_PLAYING;
        buffer_ctl.fptr = bytesread;
        return AUDIO_ERROR_NONE;
```

```
    }
    return AUDIO_ERROR_IO;
  }
```

通过查看"stm32469i_discovery_audio. c"中定义的 BSP_AUDIO_OUT_Play 驱动函数，可了解该函数是将单片机 RAM 中 buffer_ctl. buff 缓存区的 AUDIO_BUFFER_SIZE 个字节，通过直接存储器访问（direct memory access，DMA）方式传输到音频芯片进行播放。传输完成 AUDIO_BUFFER_SIZE 字节（本例中为 2048 B）后，从 buffer_ctl. buff 缓存区起始地址开始再次传输，不断循环，这个过程启动之后，不需单片机的 CPU 参与。

本程序后面定义的 BSP_AUDIO_OUT_TransferComplete_CallBack（void）和 void BSP_AUDIO_OUT_HalfTransfer_CallBack（void）回调函数，会给出这个 DMA 方式传输完成一半和全部传完的标志位"buffer_ctl. state＝BUFFER_OFFSET_HALF"和"buffer_ctl. state ＝ BUFFER_OFFSET_FULL"。

②音频处理函数：

```
uint8_t AUDIO_Play_Process(void)
{
    uint32_t bytesread;
    AUDIO_ErrorTypeDef error_state = AUDIO_ERROR_NONE;
    switch(audio_state)
    {
      case AUDIO_STATE_PLAYING:
      if(buffer_ctl.fptr > = buffer_ctl.AudioFileSize)
      {
        /*播放完音频文件,再次从头循环播放 ... */
        buffer_ctl.fptr = 0;
        error_state = AUDIO_ERROR_EOF;
      }
      /*缓存区数据以 DMA 方式传输到音频芯片,数据传输完成一半之后,开始从 ROM 中
往缓存区 buffer_ctl.buff 前面一半写入数据,不会造成读写冲突,因为这时开始以 DMA 方式
传输缓存区后面一半数据*/
      if(buffer_ctl.state = = BUFFER_OFFSET_HALF)
      {
        bytesread = GetData((void * )buffer_ctl.SrcAddress,
                            buffer_ctl.fptr,
                            &buffer_ctl.buff[0],
                            AUDIO_BUFFER_SIZE /2);
  //从 ROM 中读取 AUDIO_BUFFER_SIZE /2 B,存到缓存区前面一半地址
        if( bytesread >0)
        {
```

```
        buffer_ctl.state = BUFFER_OFFSET_NONE;
        buffer_ctl.fptr + = bytesread;
      }
    }
```

/ ＊缓存区数据以 DMA 方式传输到音频芯片全部完成之后,开始从 ROM 中往缓存区 buffer_ctl.buff 后面一半写入数据,不会造成读写冲突。因为这时开始以 DMA 方式重新从缓存区起始地址传输前面一半数据,一次 1024 B＊/

```
    if(buffer_ctl.state = = BUFFER_OFFSET_FULL)
    {
      bytesread = GetData((void ＊)buffer_ctl.SrcAddress,
                    buffer_ctl.fptr,
                    &buffer_ctl.buff[AUDIO_BUFFER_SIZE /2],
                    AUDIO_BUFFER_SIZE /2);
```
//从 ROM 中读取 AUDIO_BUFFER_SIZE /2 B,存到缓存区后面一半地址
```
      if( bytesread ＞ 0)
      {
        buffer_ctl.state = BUFFER_OFFSET_NONE;
        buffer_ctl.fptr + = bytesread;
      }
    }
    break;
    default:
    error_state = AUDIO_ERROR_NOTREADY;//DMA 传输没有完成,就暂停读音频数据到缓存
    break;
  }
  return (uint8_t) error_state;
}
```

通过查看这个工程,发现 AUDIO_Play_Process 函数是在中断处理程序"stm32f4xx_it.c"中,通过 SysTick_Handler 函数,每隔 1 ms 定期调用。

```
void SysTick_Handler(void)
{
  HAL_IncTick();
  AUDIO_Play_Process();
}
```

③结合这三个函数,理解本例中音频播放程序的逻辑。

首先,在"stm32469i_discovery_audio.c"中定义的"BSP_AUDIO_OUT_Play()"函数启动之后,开始从 RAM 缓存区(本例为 2048 B)到音频芯片进行 DMA 传输,传输完一半和整个缓存区传输完成之后,"void BSP_AUDIO_OUT_HalfTransfer_CallBack"和"BSP_AUDIO_

OUT_TransferComplete_CallBack"回调函数,会给出这个 DMA 传输完成一半和全部传完的标志位"buffer_ctl. state ＝ BUFFER_OFFSET_HALF"和"buffer_ctl. state ＝ BUFFER_OFFSET_FULL"。注意,DMA 传输启动之后,不需要单片机 CPU 介入,会周而复始不断重复。

其次,每隔 1 ms,单片机通过"void SysTick_Handler(void)"函数,调用"AUDIO_Play_Process()"函数,查看"buffer_ctl. state"标志位,获知当前 DMA 传输状态。如果传输完成一半,那就将 ROM 中的音频数据往缓存区的前一半写入;如果传输全部完成,那就将 ROM 中的音频数据往缓存区的后一半写入。如果既没有传完一半,也没有传完全部的标志位,"AUDIO_Play_Process()"函数将不做任何操作,单片机在等待 DMA 传输完成一半或者全部完成。

本例中音频播放的过程,是将单片机 ROM 中 0x8080000 地址的音频数据文件,不断读取到 RAM 缓存区"buffer_ctl. buff",并不断从"buffer_ctl. buff"通过 DMA 通道往音频芯片 CS43L22 传输播放的过程,这两个过程相互独立。

从 ROM 中读取音频数据,往缓存区写入的速度,要远高于从缓存区往音频芯片进行 DMA 传输的速度。为了防止缓存区数据读写混乱,在 DMA 传输的过程中,中断回调函数中使用的"BUFFER_OFFSET_FULL"和"BUFFER_OFFSET_HALF"两个标志位是关键。通过这两个标志位,实现缓存区读写两个过程的速度匹配。

11.5　移植音频驱动和相关硬件抽象层函数

从 BSP 例程的"readme"文档可以查看音频播放的相关文件,主要有"cs43l22. c""stm32469i_discovery_audio. c""audio_play. c"。另外,音频芯片数据传输使用了 SAI 接口,在硬件抽象层(hardware abstraction layer,HAL)需要添加相关驱动函数"stm32f4xx_hal. c",并在配置文件"stm32f4xx_hal_conf. h"中,将 HAL_SAI_MODULE_ENABLED 使能。

11.5.1　配置定时器中断,生成 MDK 工程代码

在本例中,使用定时器的周期性中断来定期调用"AUDIO_Play_Process()"函数,实现音频数据从 ROM 空间读取到 RAM 缓存区。

使用 TouchGFX 打开 11.4 节编写的界面,生成代码,在工程路径中,使用 CubeMX 打开生成的工程"STM32F469I-DISCO. ioc",设置定时器 2,使用内部时钟源,通过查看时钟树配置,可发现定时器 2 对应的时钟 APB1 为 90 MHz。为了得到 1 ms 一次的中断,可以将预分频设置为"1000 - 1",计数值设置为"90 - 1",并通过点击"NVIC Settings"打开定时器 2 的全局中断使能,如图 11 - 14 所示。

设置开发工具为 MDK,选择用户已经安装的固件包的版本,生成代码,如图 11 - 15 所示。然后在 TouchGFX 工程中更新 CubeMX 生成的代码,重新生成一遍代码,使用 MDK 打开两个软件联合生成的工程。

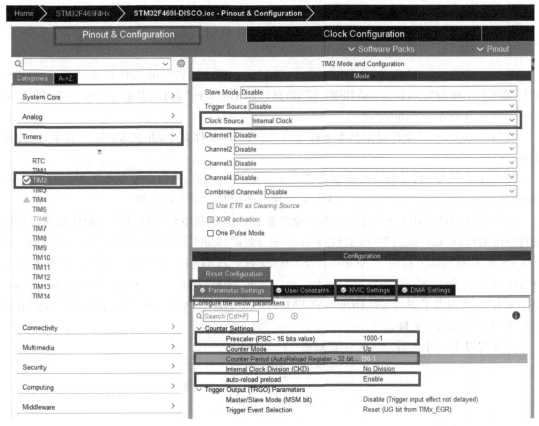

图 11-14　定时器 2 设置

图 11-15　生成代码设置

11.5.2 添加音频驱动文件和 SAI 接口的 HAL 驱动

从 BSP 例程中,将"stm32469i_discovery_audio. c"和头文件"stm32469i_discovery_audio. h"复制到本工程的"..\Drivers\BSP\STM32469I-Discovery"路径,并在 MDK 工程中,添加"stm32469i_discovery_audio. c"。

将"audio_play. c"文件复制到本工程"..\Core\Src"文件夹中,并在 MDK 工程中,添加该文件。

从 BSP 例程中,将音频芯片的驱动程序文件夹"cs43l22",整体复制到本工程的"..\Drivers\BSP\Components"文件夹,并在 MDK 工程中添加"cs43l22. c"文件。

由于音频芯片采用了 SAI 接口,本实验需要从 BSP 例程中将 SAI 接口的硬件抽象层驱动文件"stm32f4xx_hal_sai. c""stm32f4xx_hal_sai_ex. c""stm32f4xx_hal_i2s. c""stm32f4xx_hal_i2s_ex. c"复制到本工程的"..\Drivers\STM32F4xx_HAL_Driver\Src"文件夹,并将其头文件"stm32f4xx_hal_sai. h""stm32f4xx_hal_sai_ex. h""stm32f4xx_hal_i2s. h""stm32f4xx_hal_i2s_ex. h"复制到本工程的"..\Drivers\STM32F4xx_HAL_Driver\Inc"文件夹,然后在 MDK 工程中添加相关的 c 文件。

添加完以上文件之后,MDK 工程如图 11-16 所示。

图 11-16　添加完驱动程序后的工程图

11.5.3 配置"stm32f4xx_hal_conf. h"文件

由于音频芯片用到 SAI 接口 HAL 驱动,需要打开工程所含的"stm32f4xx_hal_conf. h"文件,并使能 SAI、I2S 模块,如图 11-17 所示。

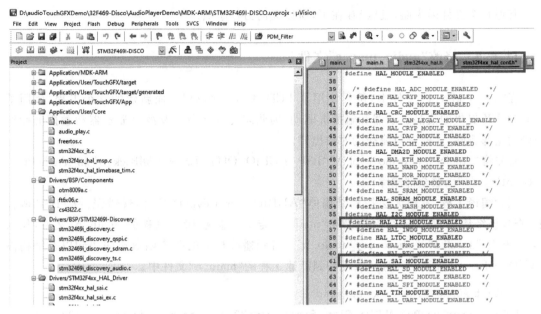

图 11-17　使能 HAL 层的 SAI 模块

11.5.4　配置 CS43L22 芯片驱动程序的路径

前面添加了音频芯片 CS43L22 的驱动程序 cs43l22.c,但是没有添加其路径,需要手动添加,方法如图 11-18 所示。

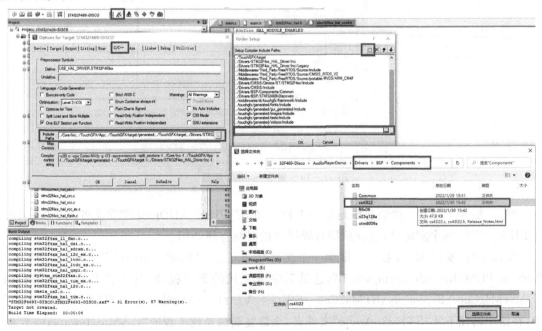

图 11-18　配置 CS43L22 芯片驱动程序的路径

其他几个文件因为路径已经存在了，所以无需另行添加。

11.5.5　修改"audio_play.c"文件

在"audio_play.c"文件中，例程使用了 LCD 的 BSP 驱动包，而新建的这个工程，使用了 TouchGFX 提供的液晶显示器和触摸屏驱动，因此需要将其中涉及液晶显示器和触摸屏操作的语句全部删除，这样避免编译的时候出错。

首先将"AudioPlay_demo（void）""BSP_AUDIO_OUT_Error_CallBack（）"和"AudioPlay_SetHint(void)"函数全部删除。

然后编译工程，发现无法找到结构体"AUDIO_ErrorTypeDef"，出现错误。从 BSP 例程中，查找该结构体，发现该结构体是在"main.h"定义。参考 BSP 例程的"main.h"文件，加入"#include "stm32469i_discovery_audio.h""、音频播放相关的两个函数声明语句以及结构体"AUDIO_ErrorTypeDef"的定义，复制到新建工程的"main.h"文件中。

uint8_t AUDIO_Play_Process(void);

AUDIO_ErrorTypeDef AUDIO_Play_Start(uint32_t * psrc_address, uint32_t file_size);

以上两个函数，将在工程的其他文件中调用，是实现音频播放的主要函数，如图 11-19 所示。

图 11-19　修改 main.h 函数

另外，加入了音频文件的起始地址"AUDIO_SRC_FILE_ADDRESS"和文件大小"AUDIO_FILE_SIZE"两个宏定义，这样后期音频播放的时候方便调用。

编译之后，发现 MDK 提示还缺少一个文件"../../../Middlewares/ST/STM32_Audio/Addons/PDM/Inc/pdm2pcm_glo.h"，这是数字麦克风的驱动程序，其路径在官方固件包的"..\STM32Cube\Repository\STM32Cube_FW_F4_V1.24.2\Middlewares\ST\STM32_Audio"中，将这个路径下的"STM32_Audio"文件夹，全部复制到新建工程的"..\Middlewares\ST"路径下，重新编译，出现如图 11-20 所示错误。

错误原因：在"stm32469i_discovery_audio.c"文件中，找不到在外部引用的"PDM_Filter"

图 11-20　编译出错的典型问题

等三个函数,这些函数用于数字麦克风的驱动,在本实验中没有用到,可以通过查找,把用了这三个函数的语句删除,再编译就没有错误了。

11.5.6　修改"stm32f4xx_it.c"文件

首先打开 BSP 例程中的"stm32f4xx_it.c"文件,将音频 DMA 传输所需要的 I2S 中断响应函数复制到本工程"stm32f4xx_it.c"文件,程序如下:

```
void AUDIO_I2Sx_DMAx_IRQHandler(void)
{
    HAL_DMA_IRQHandler(haudio_in_i2s.hdmarx);
}
```

将 haudio_in_i2s 的声明语句"extern I2S_HandleTypeDef haudio_in_i2s;"复制到文件开始的"/＊ USER CODE BEGIN EV ＊/"和"/＊ USER CODE END EV ＊/"之间,该变量是在外部文件定义的结构体,要用"extern"关键字加以引用。

同样,由于本实验中用到了 SAI 音频接口,需要将所需的中断响应函数复制过来:

```
void AUDIO_SAIx_DMAx_IRQHandler(void)
{
    HAL_DMA_IRQHandler(haudio_out_sai.hdmatx);
}
```

同样需要将 SAI 结构体声明语句"extern SAI_HandleTypeDef haudio_out_sai;"复制在该文件最开始的"/＊ USER CODE BEGIN EV ＊/"和"/＊ USER CODE END EV ＊/"之间。

以上关于 SAI 和 I2S 的配置,也可通过 CubeMX 直接生成相关代码,本实验主要关注 TouchGFX 的应用,除了定时器 2 之外,其他硬件配置都是从 BSP 例程中复制过来的,这样可以最大限度节约启动应用的时间。

然后将音频播放处理函数 AUDIO_Play_Process()复制到定时器 2 的中断响应函数中，每次中断的时候，将调用该函数，不断将音频数据读取到缓存区，如图 11 - 21 所示。

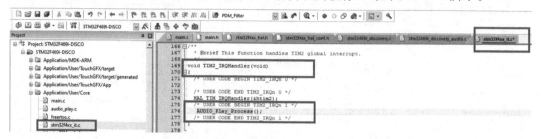

图 11 - 21　在定时器中断时调用音频处理函数

11.5.7　添加音频播放和控制代码

11.4 节介绍了 BSP 例程中的 audio_play.c 文件，在此文件中关于音频芯片的控制，主要有"BSP_AUDIO_OUT_Init()"和"AUDIO_Play_Start()"函数，分别是调用"stm32469i_discovery_audio.h"中的音频初始化函数和音频播放函数。

打开本工程"gui"路径下的"Screen1View.cpp"文件，添加包含文件"#include "main.h""，在屏幕初始化函数里添加音频初始化和音频播放函数，并开启定时器 2 的中断，启动定时器 2，如图 11 - 22 所示。

图 11 - 22　在 VIEW 界面显示文件里添加音频初始化函数和音频播放函数

由于用到了外部文件定义的定时器 2 和"umVolume"变量，需要在使用之前，加入"extern"进行声明。

11.5.8　设置中文显示字体和变量显示范围

编译工程，通过 ST-Link 下载，发现触摸屏不能正常显示中文，这是因为默认的字体不支持中文显示。

回到 TouchGFX 界面，将字体改为"Kaiti"，并将范围改为"0—9，a—z，A—Z"，如图 11 - 23 所示，这样除了可以显示中文，还可以显示变量。

使用 TouchGFX 重新生成代码，在 MDK 中编译并下载，程序效果如图 11 - 24 所示。

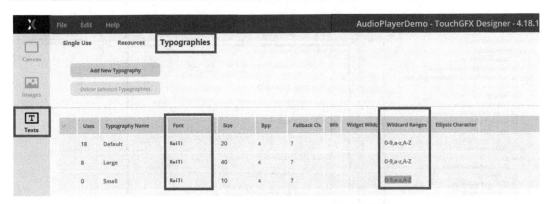

图 11 - 23　设置支持中文的字体及显示范围

图 11 - 24　设置支持中文的字体及显示范围后触摸屏显示效果

在开发板耳机接口接上耳机,可以重复听到"hello man"的声音。这是因为在 11.4 节的操作中,已经将音频文件"audio_sample_tdm. bin"下载到单片机的 0x8080000 地址,在本程序的"Screen1View. cpp"中,调用的音频播放函数语句"AUDIO_Play_Start((uint32_t ∗)AUDI-O_SRC_FILE_ADDRESS,(uint32_t)AUDIO_FILE_SIZE)",就是播放起始地址在"AUDIO_SRC_FILE_ADDRESS"、长度为"AUDIO_FILE_SIZE"的音频文件,起始地址和文件大小就是在"main. h"中定义的"audio_sample_tdm. bin"起始地址和大小,如下所示:

```
#define AUDIO_SRC_FILE_ADDRESS 0x08080000 /∗ 音频文件起始地址 ∗/
#define AUDIO_FILE_SIZE      0x80000/∗ 音频文件大小 ∗/
```

11.5.9　完善音频播放的人机交互函数

在 11.3 节中,添加了控制音频播放的各个按键,以及音量调节的滚动条。在此基础上,在".. gui_generated/screen1_screen/"路径下打开 TouchGFX 生成的 Screen1ViewBase. hpp,并查看本工程所有的消息响应函数,如图 11 - 25 所示。

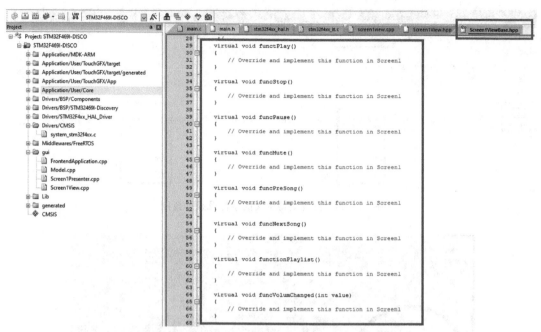

图 11-25　查看 TouchGFX 生成的所有消息响应函数

将以上函数，全部复制到"Screen1View.hpp"，作为成员函数进行声明，如图 11-26 所示。

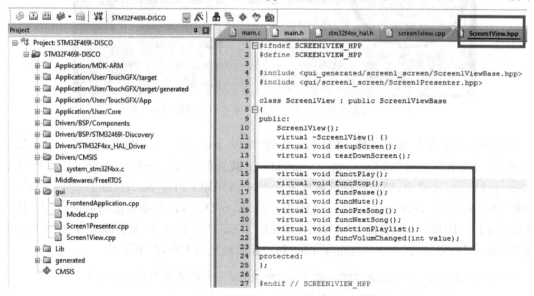

图 11-26　添加消息响应函数的声明

然后仿照 11.4 节"audio_play.c"中调用音频控制函数的方法，在"Screen1View.cpp"函数中添加相关消息响应函数。所有音频控制函数在"stm32469i_discovery_audio.c"中可以找到具体定义，如图 11-27 所示。

重新将工程编译，使用 ST-Link 下载。在开发板上，体验"播放""停止""静音"等按键，以及音量控制滚动条的人机交互效果。

图 11-27 添加消息响应函数的具体内容

其他按键的消息响应函数，先留作空白，下一章再添加。

11.6 本章作业

（1）本章中，为了简化设计，我们学习了 STM32F4 官方固件包中的 BSP 例程，直接复制其中 SAI、I2S 的初始化程序，并手动添加了 HAL 驱动和 DMA 传输中断响应函数，读者可以查看开发板原理图（ST 官方文档"MB1189"），阅读 BSP 用户手册"STM32469I-Discovery_BSP_User_Manual.chm"（..\STM32Cube\Repository\STM32Cube_FW_F4_V1.24.2\Drivers\BSP\STM32469I-Discovery），参考音频芯片驱动"stm32469i_discovery_audio.c"、SD 卡驱动程序"stm32469i_discovery_sd.c"等程序，可尝试直接通过 CubeMX 进行 SAI、I2S 初始化设置。

（2）详细阅读 BSP 用户手册中"stm32469i_discovery_audio.c"的说明文档，了解音频芯片的驱动函数，特别是单声道、立体声、音量、采样位数、采样率等参数配置方法。

（3）画出本实验中，从单片机 ROM 中读取音频数据存放到缓存区，从缓存区通过 DMA 方式传输数据到音频 DAC 的流程图，理解音频缓存区时序逻辑，说明程序是怎样通过"传输完成"和"传输完一半"两个标志位，来解决缓存区读和写速度不一致问题的。

（4）阅读 BSP 用户手册，回答以下问题：STM32F469I-DISCO 开发板含有哪几种存储器？其中 ROM 大小是多少，RAM 容量有多大，地址范围是多少，SDRAM 容量是多少，起始地址是多少？可参见 BSP 用户手册中介绍 SDRAM 驱动的一章。本实验设置的音频播放缓存区容量为 2048 B，请问使用的是哪种存储器？

（5）如果需要修改本例程，从 SD 卡读取音频数据到缓存区，大概一次读取多少数据量合适？以一首 WAV 格式的歌曲约 40 MB 来计算，能否将一整首歌从 SD 卡全部读取到 ROM 或者 SDRAM，然后再进行播放？

（6）预习 TouchGFX 4.18.1 中的"Scroll Wheel and List Example"，将例程编译、下载到

开发板，查看有关控件的在线说明文档，思考怎样通过滚动菜单控件实现播放列表功能。

（7）预习 STM32F4 官方固件包中"LCD_AnimatedPictureFromSDCard"例程"..\STM32Cube\Repository\STM32Cube_FW_F4_V1.24.2\Projects\STM32469I-Discovery\Applications\Display\LCD_AnimatedPictureFromSDCard"，了解 FaTfs 文件系统的使用方法，了解文件打开、读取、关闭、搜索等常用功能。

第 12 章　基于 TouchGFX 的音频播放器(下)

12.1　本章基础知识

12.1.1　SD 卡的基础知识

本章所用的 STM32F469I-DISCO 开发板,配备了一个高速 Micro SDHC 存储卡接口,支持最高容量达 32 GB 的 SDHC 卡。

SD 卡(secure digital memory card)是一种基于半导体闪存工艺的存储卡,1999 年,由日本松下、东芝及美国 SanDisk 公司共同研制完成。

SD 卡背面共有 9 个引脚,包含 4 根数据线,支持 1 bit/4 bit 两种数据传输宽度,最高时钟频率为 25 MHz,故理论最高数据传输速率为 12.5 MB/s,工作电压 2.7~3.6 V。

为了满足数码产品不断缩小存储卡体积的要求,SD 卡逐渐演变出了 Mini SD、Micro SD 两种规格。

TransFlash 卡,也称 T-Flash 卡、TF 卡或 T 卡,最早由 SanDisk 推出。TransFlash 卡仅有 11 mm×15 mm×1 mm 大小,相当于标准 SD 卡的 1/4。同样,TransFlash 卡与标准 SD 卡功能也是兼容的,将 TransFlash 卡插入特定的转接卡中,可以当作标准 SD 卡或 Mini SD 卡来使用。

2005 年 7 月,SD 协会正式发布了 Micro SD 标准,该标准与 TransFlash 标准完全兼容,市场上的 TransFlash 卡和 Micro SD 卡可以不加区分地使用。

第一代 SD 卡、Mini SD 卡、Micro SD 卡遵循的是 SD Spec Ver 1.0 或 1.1 规范,最大可能容量仅为 2 GB。2006 年,SD 协会发布了 SD Spec Ver 2.0 规范,符合此新规范的 SD 卡容量可达 4 GB 或更高。

符合 SD Spec Ver 2.0 规范的 SD 卡,称为 SDHC(SD high capacity)卡。SDHC 卡外形维持与 SD 卡一致,但是文件系统从 FAT12、FAT16 改为 FAT32 型,且 SDHC 卡的最大容量可达 32 GB。除了 SDHC 卡外,还有 Mini SDHC、Micro SDHC 类型的卡。

SDHC 卡与标准 SD 卡不再兼容,必须符合 SD Spec Ver 2.0 的设备才能支持 SDHC 卡,这样的设备都带有 SDHC 标志。支持 SDHC 卡的设备可以向下兼容标准 SD 卡。

对于 SD 卡而言,扇区是逻辑上最小的数据操作单元(sector),一般固定为 512 B。

12.1.2　FatFs 文件系统的基础知识

FatFs 是用于小型嵌入式系统的通用 FAT/exFAT 文件系统模块。FatFs 模块是按照 ANSI C(C89) 标准编写的，并且与磁盘 I/O 层完全分开。因此，它独立于平台，可并入资源有限的小型微控制器中，例如 8051、PIC、AVR、ARM、Z80、RX 等。

FatFs 模块是为教育、研究和开发开放的免费软件，可以在官网免费下载。ST 公司在 CubeMX 软件集成了 FatFs 模块，用户可以很方便地将文件系统移植到 ST 公司的单片机。

12.1.3　WAV 格式文件的基础知识

WAV 是一种存储声音波形的数字音频格式，是由微软(Microsoft)和 IBM 公司联合设计的，经过了多次修订，可用于 Windows、Mac OS、Linux 等多种操作系统。

1. 波形文件的存储过程

声源发出的声波通过话筒被转换成连续变化的电信号，经过放大、抗混叠滤波后，按固定的频率进行采样，每个样本是在一个采样周期内检测到的电信号幅度值，接下来将其由模拟电信号量化为由二进制数表示的积分值，最后编码并存储为音频流数据。

2. WAV 格式文件的编码

编码包括了两方面内容：一是按一定格式存储数据，二是采用一定的算法压缩数据。WAV 格式对音频流的编码方式没有硬性规定，支持非压缩的脉冲编码调制(puls code modulation, PCM)格式，还支持微软的压缩型自适应差分脉冲编码调制(adaptive differential puls code modulation, ADPCM)格式，国际电报联盟(International Telegraph Union)制定的语音压缩标准 ITU G.711 A-law、ITU G.711 Mu-law、ITU G.723 ADPCM(Yamaha)和 ITU G.721 ADPCM 全球移动通信系统(Global System for Moblie Communications)定义的音频编解码标准 GSM 6.10，互动多媒体协会(Interactive Multimedia Association)制定的音频编码算法 IMA ADPCM 等音频编码算法。MP3 编码格式同样也可以运用在 WAV 格式文件中，只要安装相应的解码软件，就可以播放 WAV 格式文件中的 MP3 格式音乐。

WAV 格式文件的文件头格式如表 12-1 所示。

表 12-1　WAV 格式文件头格式

偏移地址	字节数	数据类型	字段名称	字段说明
00H	4	字符型	文档标识	大写字符串"RIFF"，标明该文件为有效的 RIFF 格式文档
04H	4	长整型	文件数据长度	从下一个字段首地址开始到文件末尾的总字节数，该字段的数值加 8 为当前文件的实际长度
08H	4	字符型	文件格式类型	WAV 格式的文件此处为字符串"WAVE"，标明该文件是 WAV 格式
0CH	4	字符型	格式块标识	小写字符串"fmt"

偏移地址	字节数	数据类型	字段名称	字段说明
10H	4	长整型	格式块长度	其数值不确定,取决于编码格式,可以是 16、18、20、40 等
14H	2	整型	编码格式	常见的 WAV 格式文件使用 PCM 脉冲编码调制格式,该数值通常为 1
16H	2	整型	声道个数	单声道为 1,立体声或双声道为 2
18H	4	长整型	采样频率	每个声道单位时间采样次数,常用的采样频率有 11025 Hz、22050 Hz 和 44100 Hz
1CH	4	长整型	数据传输速率	该数值为声道数×采样频率×每样本的数据位数/8,播放软件利用此值可以估计缓冲区的大小
20H	2	整型	数据块对齐单位	采样帧大小,该数值为声道数×位数/8,播放软件需要一次处理多个该值大小的字节数据,用该数值调整缓冲区
22H	2	整型	采样位数	存储每个采样值所用的二进制数位数,常见的位数有 4、8、12、16、24、32
24H				对基本格式块的扩充部分

3. PCM

PCM 是直接存储声波采样被量化后所产生的非压缩数据,故被视为单纯的无损耗编码格式,其优点是可获得高质量的音频信号。

基于 PCM 的 WAV 格式是最基本的 WAV 格式,被声卡直接支持,能直接存储采样的声音数据,所存储的数据能直接通过声卡播放,还原的波形曲线与原始声音波形十分接近,播放的声音质量是一流的,常常作为其他编码格式文件相互转换时的中间文件。PCM 的缺点是生成的文件体积过大,不适合长时间记录。正因为如此,又出现了多种在 PCM 基础上改进发展起来的编码格式,如 DPCM、ADPCM 等。

4. 与声音有关的三个参数

(1)采样频率:又称取样频率,是单位时间内的采样次数,决定了数字化音频的质量。采样频率越高,数字化音频的质量越好,还原的波形越完整,播放的声音越真实,当然所占的资源也越多。根据奈奎斯特采样定理,要从采样中完全恢复原始信号的波形,采样频率要高于声音中最高频率的 2 倍。人耳可听到的声音的频率范围是在 16 Hz～20 kHz。因此要将听到的原声音真实地还原出来,采样频率必须大于 40 kHz。常用的采样频率有 8 kHz、11.025 kHz、22.05 kHz、44.1 kHz、48 kHz 等几种。采用 22.05 kHz 采样频率的音频数据可达到普通调频广播的音质,44.1 kHz 采样频率获得的音频数据理论上可达到 CD 光盘的音质。高于 48 kHz 的采样频率人耳很难分辨,没有实际意义。

(2)采样位数:也叫量化位数(单位:比特),是存储每个采样值所用的二进制位数。采样值反映了声音的波动状态,采样位数决定了量化精度。采样位数越长,量化的精度就越高,还原的波形曲线越真实,产生的量化噪声越小,回放的效果就越逼真。常用的量化位数有 4、8、12、16、24。量化位数与声卡的位数和编码格式有关。如果采用 PCM 编码同时使用 8 位声卡,可将音频信号幅度从上限到下限化分成 256 个音量等级,取值范围为 0～255;使用 16 位声卡,可将音频信号幅度划分成 64K 个音量等级,取值范围为 -32768～32767。

(3)声道数:使用的声音通道的个数,也是采样时所产生的声音波形的个数。播放声音时,单声道的 WAV 格式文件一般使一个喇叭发声,立体声的 WAV 格式文件可以使两个喇叭发声。记录声音时,单声道,每次产生一个波形的数据;双声道,每次产生两个波形的数据,所占的存储空间增加一倍。

12.2 实验目的和实验内容

12.2.1 实验目的

通过本次实验,读者通过学习 STM32Cube_FW_F4 固件包自带的 LCD_AnimatedPictureFromSDCard 例程,了解 SD 卡的工作原理,掌握其驱动程序,了解 FatFs 文件系统,了解 WAV 文件格式,以及其播放原理。

掌握 TouchGFX 中下拉滚动菜单控件 scrollList、滚动条 slider、图标指示控件 imageProgress、仪表指示控件 gauge 的使用方法。

12.2.2 实验内容

使用 STM32F469I-DISCO 开发板,在上一章程序的基础上,完成简单音频播放器的设计。基本实验要求如下:

(1)使用 TouchGFX 4.18.1 完善音频播放器界面,结合 SD 卡和 CS43L22 音频芯片,可播放存储在 SD 卡上的 WAV 格式文件;

(2)显示播放列表,顺序播放存储在 SD 卡指定目录里面所有 WAV 格式文件;

(3)显示正在播放的歌曲名、文件大小、时长、采样频率;

(4)可通过按键切换播放曲目;

(5)显示播放进度。

12.3 学习"LCD_AnimatedPictureFromSDCard"例程

本章要使用 SD 卡,移植 FatFs 文件系统,从 SD 卡固定目录,搜索 WAV 格式文件,并逐一播放。与上一章一样,仍然先学习一个例程,然后参照这个例程,进行移植和修改。

12.3.1　打开例程,运行查看效果

使用 MDK 打开 LCD_AnimatedPictureFromSDCard 例程,路径为"..\STM32Cube\Repository\STM32Cube_FW_F4_V1.24.2\Projects\STM32469I-Discovery\Applications\Display\LCD_AnimatedPictureFromSDCard",阅读"readme.txt"文档,该例程使用了 FatFs 文件系统,从 SD 卡的"top"文件夹读取 bmp 文件,然后在液晶屏上显示。

将例程编译并下载,注意要在"Options for Taget"选中"Creat HEX File",否则不会产生 hex 文件。

将工程里"Media"文件夹中的"TOP"和"BACK"文件夹及其内容全部复制到 SD 卡根目录下,插入开发板卡槽,上电查看例程效果,如图 12-1 所示。

图 12-1　LCD_AnimatedPictureFromSDCard 例程效果

12.3.2　程序分析和驱动程序移植

(1)打开 LCD_AnimatedPictureFromSDCard 工程,查看 SD 卡驱动和 FatFs 文件系统相关文件,如图 12-2 所示。

查看可知,SD 卡的驱动程序主要有硬件抽象层函数"stm32f4xx_ll_sdmmc.c"和"stm32f4xx_hal_sd.c",以及板载驱动"stm32469i_discovery_sd.c"。与 FatFs 文件系统相关的函数主要有"diskio.c""ff.c""ff_gen_drv.c""sd_diskio.c",应用层函数有"fatfs_storage.c"。本程序首先将 SD 卡驱动和 FatFs 文件系统移植到上一章新建的工程,然后修改应用层函数"fatfs_storage.c",实现从 SD 卡读取 WAV 格式文件并播放的功能。

(2)移植 SD 卡的板载驱动和硬件抽象层驱动函数。

打开在第 11 章建立的工程,首先从 LCD_AnimatedPictureFromSDCard 例程中,将"stm32469i_discovery_sd.c"和头文件"stm32469i_discovery_sd.h"复制到该工程的"..\Drivers\BSP\STM32469I-Discovery"路径,并在 MDK 工程中,添加"stm32469i_discovery_sd.c"。板载驱动程序的详细说明文档"STM32469I-Discovery_BSP_User_Manual.chm",可以在固件包的该路径找到。

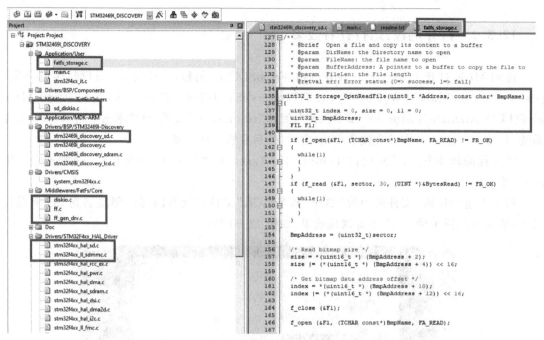

图 12-2　与 SD 卡驱动和 FatFs 文件系统相关的文件

将 SD 卡的硬件抽象层驱动函数"stm32f4xx_ll_sdmmc. c"和"stm32f4xx_hal_sd. c"复制到该工程的".. \Drivers\STM32F4xx_HAL_Driver\Src"文件夹，并将头文件"stm32f4xx_ll_sdmmc. h"和"stm32f4xx_hal_sd. h"复制到该工程的".. \Drivers\STM32F4xx_HAL_Driver\Inc"文件夹，然后在 MDK 工程中添加相关的 c 文件。

由于本实验用到 SD 卡接口硬件抽象层驱动，需要打开 LCD_AnimatedPictureFromSD-Card 工程所含的"stm32f4xx_hal_conf. h"文件，并使能 SD 模块，如图 12-3 所示。

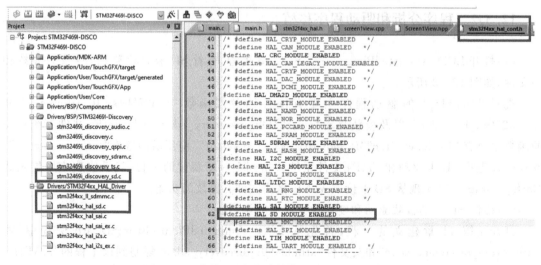

图 12-3　移植 SD 卡驱动并使能 SD 的 HAL 模块

（3）移植 FatFs 文件系统。

将"sd_diskio.c""fatfs_storage.c"复制到第 11 章新建工程的"..\Core\Src"文件夹,将头文件"fatfs_storage.h""ffconf.h""sd_diskio.h"复制到"..\Core\Inc"文件夹,并将 c 文件添加到本工程。将固件包路径"..\STM32Cube\Repository\STM32Cube_FW_F4_V1.24.2\Middlewares\Third_Party"下的 FatFs 文件夹,复制到第 11 章新建的工程"..\Middlewares\Third_Party",该文件夹含有"diskio.c""ff.c""ff_gen_drv.c"等文件系统所需的函数。然后将这三个文件加入第 11 章新建的工程,并在 MDK 中添加这三个文件的路径"..\Middlewares\Third_Party\FatFs\src",方法可参考第 11 章的图 11-18。

添加完文件系统的工程如图 12-4 所示。

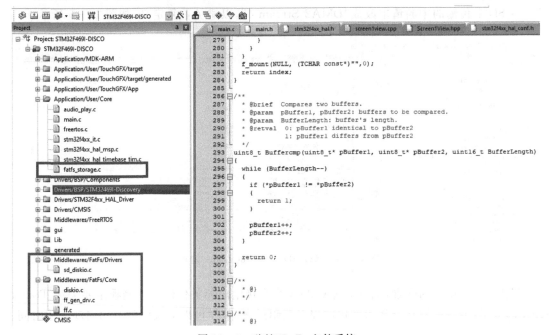

图 12-4　移植 FatFs 文件系统

12.3.3　修改"stm32f4xx_it.c"文件

打开 LCD_AnimatedPictureFromSDCard 例程中的"stm32f4xx_it.c"文件,将 SD 卡读取(SDIO)和 DMA 传输所需要的中断响应函数复制到第 11 章新建工程的"stm32f4xx_it.c"文件,本段程序如下:

```
void SDIO_IRQHandler(void)
{
  BSP_SD_IRQHandler();
}
void BSP_SD_DMA_Rx_IRQHandler(void)
{
  HAL_DMA_IRQHandler(uSdHandle.hdmarx);
}
```

将 SD 卡 DMA 传输的结构体的声明语句"extern SD_HandleTypeDef uSdHandle;"复制到文件开始的"/ ＊ USER CODE BEGIN EV ＊ /"和"/ ＊ USER CODE END EV ＊ /"之间，该变量是在外部文件定义的结构体，要用"extern"关键字加以引用。

关于"BSP_SD_IRQHandler（）"函数的细节，可以在板载驱动程序的详细说明文档"STM32469I-Discovery_BSP_User_Manual.chm"中查询。

经过编译，DMA 传输中断响应请求"DMA2 Stream 3"冲突错误，经过查找，发现在"stm32469i_discovery_sd.h"中定义的宏"BSP_SD_DMA_Rx_IRQHandler"和"stm32469i_discovery_audio.h"中定义的宏"AUDIO_SAIx_DMAx_STREAM"都用到了"DMA2 Stream 3"。将 SD 卡传输的中断请求改成"DMA2 Stream 4"，以避免重复定义，如图 12-5 所示。

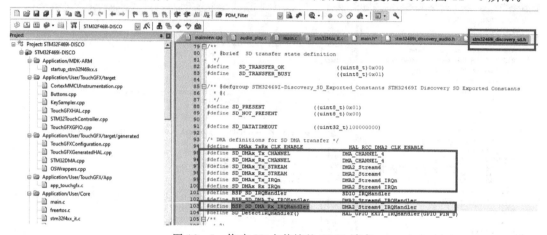

图 12-5 修改 SD 卡传输的 DMA 请求

以上关于 SD 卡的配置，也可通过 CubeMX 直接生成相关代码。本例程主要关注 Touch-GFX 的应用，硬件配置尽量从固件包例程中复制过来，这样可以最大限度节约启动应用时间。

12.3.4 修改时钟配置，适合 SD 卡驱动

通过阅读 LCD_AnimatedPictureFromSDCard 例程的"readme.txt"文档，可以了解该例程系统时钟（SYSCLK）设置为在 180 MHz 下运行，SD 操作时钟为 25 MHz，符合 Micro SD 规范。

查看本程序"main.c"中的"SystemClock_Config(void)"函数，发现默认的 PLL_Q 的配置为"RCC_OscInitStruct.PLL.PLLQ＝4"，通过查询 CubeMX 工程默认的时钟树，这种配置下，SD 卡操作时钟为 360 MHz/4＝90 MHz，不符合要求。

查看 LCD_AnimatedPictureFromSDCard 例程"main.c"中的"SystemClock_Config(void)"函数，发现该例程 PLL_Q 的配置为"RCC_OscInitStruct.PLL.PLLQ＝7"，这样锁相环分频后时钟为 360 MHz/7≈50 MHz，符合要求，因此仿照例程，将本程序的 PLL_Q 配置为"RCC_OscInitStruct.PLL.PLLQ＝7"，这样能满足 SD 卡时钟要求。

12.4　从 SD 卡搜索音频文件

LCD_AnimatedPictureFromSDCard 例程使用了 FatFs 文件系统,从 SD 卡的"top"文件夹,搜索所有 BMP 文件并读取,然后在液晶屏上显示。本节通过学习该例程并加以修改,实现从 SD 卡搜索并读取 WAV 格式文件来播放。

12.4.1　学习例程中 BMP 格式文件的搜索和读取方法

打开"main. c"文件,FatFs 文件系统的主要操作方法如下:

(1)调用"FATFS_LinkDriver(&SD_Driver,SD_Path)"连接 SD 卡 I/O 驱动;

(2)为存放文件名的数组"pDirectoryFiles[]"分配内存空间:

```
pDirectoryFiles[counter] = malloc(MAX_BMP_FILE_NAME);
```

(3)注册 FatFs 文件系统对象:

```
f_mount(&SD_FatFs,(TCHAR const * )SD_Path,0);
```

(4)打开 SD 卡"/BACK"文件目录:

```
f_opendir(&directory,(TCHAR const * )"/BACK");
```

(5)查询"BACK"路径下"image. bmp"文件的文件头,确认该文件是否真的为 BMP 格式的文件:

```
Storage_CheckBitmapFile("BACK/image.bmp",&uwBmplen);
```

(6)读取"BACK"路径下的"image. bmp"文件,并将其数据存储到"uwInternalBuffer"地址:

```
Storage_OpenReadFile(uwInternalBuffer,"BACK/image.bmp");
```

(7)查询"/TOP"目录下的所有 BMP 格式文件,并将文件名存储到"pDirectoryFiles"数组:

```
ubNumberOfFiles = Storage_GetDirectoryBitmapFiles("TOP"pDirectoryFiles);
```

12.4.2　音频文件查询函数修改

为了能将指定目录的所有 WAV 格式文件查询出来,可以参考例程中查找 BMP 格式文件的函数并加以修改。首先打开"fatfs_storage. c",找到"Storage_GetDirectoryBitmapFiles()"函数,将函数名改为"Storage_GetDirectoryWAVFiles()",并将其中查询 BMP 格式文件的的语句改为查询 WAV 格式文件:

```
if ((fno.fname[counter + 1] = = 'W') && (fno.fname[counter + 2] = = 'A') &&
```

197

(fno. fname[counter + 3] = = 'V'));

在"fatfs_storage. h"文件中，也需要将"Storage_GetDirectoryWAVFiles()"函数名更新。

12.4.3 音频文件读取

查看"fatfs_storage. c"中"Storage_OpenReadFile()"函数，该函数首先打开指定文件名的文件，然后读取前 30 个字节，从第 3、4、5、6 个字节计算得出 BMP 格式文件大小；然后再次打开该文件，读取文件内容，存储在指定地址。

在第 11 章的程序中，我们将 ROM 中起始地址为 0x8080000 的音频数据定期读到缓存区进行播放。本程序中，需要定期读取 SD 卡中 WAV 格式文件的数据，存到缓存区。为了兼容 SD 卡的读取速度，兼顾单片机 RAM 的大小，设置缓存区为 16 KB，这样在向音频芯片进行 DMA 传输时，传输一半和传完的时候，每次读取 8 KB，达到匹配缓存区读写速度的目的。

打开"audio_play. c"，将音频播放的缓存区长度定义为 16 KB，修改宏定义即可，代码如下：

＃define AUDIO_BUFFER_SIZE 1024 * 16

由于 WAV 格式文件比较大，要分多次读取，每次 8 KB，所以修改"Storage_OpenRead-File()"函数，设计相应函数分别对文件头读取和内容读取。

设计"READ_WAV_FILE_FROM_SD(uint8_t file_no)"，在 view 层调用，用来搜索文件夹里面所有 WAV 格式文件，播放第"file_no"个 WAV 格式文件。

设计文件初始化和文件头的读取函数 Storage_OpenReadFileSize()，初始化文件系统，打开相应文件名的 WAV 格式文件，取出前 30 个字节，并解析文件大小、采样频率。

设计"Storage_OpenRead_8KB_File()"函数，从 SD 卡每次读取 8 KB 数据，存在音频缓存区，通过 DMA 方式传输到音频芯片持续播放，该函数在"AUDIO_Play_Process()"函数里调用。

(1)在"fatfs_storage. c"中声明和引用相关变量。

需要提前声明和引用音频文件读取和播放控制所需要的部分变量，并将"main. h"头文件加入引用，如：

```
＃include "main. h"
uint32_t uwWavlen ;//文件长度
uint8_t * uwInternalBuffer;//临时缓存地址，并不是音频播放缓存的地址
uint8_t volumValue = 50;//音量
uint32_t fileSizeAlreadyRead = 0;//已经读取的文件大小
uint8_t corruntPlayingFileNo = 0;//当前正在播放的文件的编号
float AudioCurrentTime = 0;//当前文件已经播放的时间
uint8_t playOneSongOverFlag = 0;//当前文件是否播放完成的标志位
char * pDirectoryFiles[MAX_BMP_FILES];//存放搜到的 WAV 格式文件的数组
uint8_t ubNumberOfFiles = 0;//文件个数
uint32_t AudioFre = 0;//WAV 格式文件采样频率
```

```
uint32_t counter = 0;
uint8_t str[30];//暂存文件名
/* 文件读取中间所需变量 */
uint32_t index1 = 0, size = 0, i1 = 0;
FATFS SD_FatFs; /* 文件系统对象 */
char SD_Path[4]; /* SD 卡逻辑路径 */
DIR directory;
uint8_t sector[512];
FATFS fs;
FILINFO fno;
DIR dir;
FIL F,F1;
/* 文件读取中间所需函数 */
uint32_t Storage_OpenRead_8KB_File(uint8_t * Address, const char * WavName);
void READ_WAV_FILE_FROM_SD(uint8_t file_no);
uint32_t Storage_OpenReadFileSize(uint8_t * Address, const char * WavName);
```

(2)读取指定目录内某一个 WAV 格式文件的函数"READ_WAV_FILE_FROM_SD()"。

本函数在 view 层实现切换播放歌曲的功能,参照例程的"main. c"文件中对 BMP 格式文件的搜索等功能来设计该函数,输入参数"file_no"为 WAV 格式文件的序号。详细设计如下:

```
void READ_WAV_FILE_FROM_SD(uint8_t file_no)
{
  if(FATFS_LinkDriver(&SD_Driver, SD_Path) ! = 0) { Error_Handler(); }
  else
  {
    for (counter = 0; counter < MAX_BMP_FILES; counter + + )
    {
      pDirectoryFiles[counter] = malloc(MAX_BMP_FILE_NAME);
      if(pDirectoryFiles[counter] = = NULL)
      {  Error_Handler();}
    }
    f_mount(&SD_FatFs, (TCHAR const * )SD_Path, 0);
    f_opendir(&directory, (TCHAR const * )"/BACK") ;
  }
/* 搜索 Media 文件夹里 WAV 格式文件的数目,并将文件名存储在数组 */
  ubNumberOfFiles = Storage_GetDirectoryWavFiles("/Media", pDirectoryFiles);
  if (ubNumberOfFiles = = 0)
  {
    for (counter = 0; counter < MAX_BMP_FILES; counter + + )
```

```
      {
        free(pDirectoryFiles[counter]);
      }
    }
    else//取出目录中第 file_no 个 WAV 格式文件
    {sprintf ((char *)str, "Media/%-11.11s", pDirectoryFiles[file_no]);
      Storage_OpenReadFile(uwInternalBuffer, (const char *)str);}
  }
```

（3）初始化和文件头的读取函数"Storage_OpenReadFileSize()"。

修改例程中"Storage_OpenReadFile()"的前半部分，将 WAV 格式文件的长度、采样频率解析出来，程序如下：

```
uint32_t Storage_OpenReadFileSize(uint8_t * Address, const char * WavName)
{
  uint32_t WavAddress;
  Storage_Init();//初始化存储
  f_open(&F1, (TCHAR const *)WavName, FA_READ);//打开文件
  f_read (&F1, sector, 30, (UINT *)&BytesRead);
                          //读取前 30 个字节并存储在 sector 数组
  WavAddress = (uint32_t)sector;
  size = *(uint16_t *)(WavAddress + 4);
  size |= (*(uint16_t *)(WavAddress + 6)) << 16;   //取 WAV 格式文件的长度
  uwWavlen = size;//uwWavlen 为 WAV 格式文件长度的全局变量
  AudioFre = *(uint16_t *)(WavAddress + 24);
  AudioFre |= (*(uint16_t *)(WavAddress + 26)) << 16;
                                //取 WAV 格式文件的采样频率
  fileSizeAlreadyRead = filSizeAlreadyRead + 30;
                    //filSizeAlreadyRead 为已读取文件长度的全局变量
  return 1;
}
```

在 fatfs_storage.h 文件中，也需要将声明的"Storage_OpenReadFileSize()"函数名更新。

（4）音频文件内容的读取函数"Storage_OpenRead_8KB_File()"。

修改例程文件中"Storage_OpenReadFile()"的后半部分，将 WAV 格式文件内容每次取出 8 KB，新建一个读取文件，如下所示：

```
uint32_t Storage_OpenRead_8KB_File(uint8_t * Address, const char * WavName)
{
  size = 8 * 1024;//每次读取 8 KB
  uint32_t WavAddress;
  WavAddress = (uint32_t)sector;
```

```
if(fileSizeAlreadyRead< uwWavlen)//如果已读取的文件长度小于本文件长度
{
  do {
    i1 = 256 * 2;//SD 卡的读取按照扇区来操作,每扇区为固定的 512 B
    size - = i1;
    f_read (&F1, sector, i1, (UINT * )&BytesRead);//读取 512 B
    for (index1 = 0; index1 < i1; index1 + +)
    {
      *(__IO uint8_t * ) (Address) = *(__IO uint8_t * )WavAddress;
                                //读取的 512 B 数据存储在 Address 地址
      WavAddress + +;
      Address + +;
    }
    WavAddress = (uint32_t)sector;//sector 数组为 512 B
  }
  while (size > 0);//直到读取完 8 KB 为止
  fileSizeAlreadyRead = fileSizeAlreadyRead + 8 * 1024;//读取完 8 KB
  Address - = 8 * 1024;//读取 8 KB 之后,缓存区地址回归数组的初始位置
}
if(fileSizeAlreadyRead> = uwWavlen)
{
  f_close (&F1);//整个 WAV 格式文件读取完毕之后,关闭文件
  playOneSongOverFlag = 1;//全局变量表示这首歌曲读取播放完了
}
return 1;
}
```

(5)修改“audio_play. c”中“AUDIO_Play_Process()函数”。

在第 11 章中,学习了“AUDIO_Play_Process()”函数的功能,该函数在 tim2 的全局中断响应函数里每隔 1 ms 定期调用,每次根据标志位,查看缓存区向音频芯片进行 DMA 传输的状态,然后根据 DMA 传输状态,选择等待,或者向缓存区存储音频文件数据,每次存储缓存区的一半,数据来源的 ROM 地址为 0x8080000,解决音频数据缓存区读、写速度不匹配的问题。

本章的程序中,音频文件来自于 SD 卡。可通过定时器中断里面定期调用“AUDIO_Play_Process()”函数查询 DMA 传输状态,达到触发条件的时候调用“Storage_OpenRead_8KB_File()”函数,每次读取 SD 卡的 8 KB 数据,并累积音频文件播放时间进度,如图 12 - 6 所示。

图 12-6　修改"AUDIO_Play_Process()"函数

12.5　音频文件的读取、播放和显示

打开工程所含"gui"目录下的"Screen1View. cpp"文件,首先对本文件所需的变量和函数进行声明或定义,大部分在"main. c""audio_play. c""fatfs_storage. c"中定义,需要用"extern"关键字进行引用声明。另外,所需调用的"uint32_t READ_WAV_FILE_FROM_SD(uint8_t)"函数是在 C 语言源文件"fatfs_storage. c"里面定义的,本程序文件为 C++源文件,引用的时候,需要加上"extern "C""关键字,如图 12-7 所示。

图 12-7　添加 Screen1View. cpp 文件所需的变量和函数声明

12.5.1　音频文件播放和显示函数设计

为了让音频播放控制程序比较简洁,设计一个播放音频并刷新屏幕显示的函数"PLAY_

WAV_FILE_FROM_SD(uint8_t file_no)",输入参数为目录中搜索到的第"file_no"个 WAV 格式文件,功能是搜索指定文件夹,并读取相应文件,进行播放,同时在屏幕上刷新显示该文件的文件名、大小、采样频率等参数。

首先在"Screen1View.hpp"里面添加该函数的声明语句

virtual void PLAY_WAV_FILE_FROM_SD(uint8_t file_no);

表示该函数作为 Screen1View 类的公有成员函数。

然后在"Screen1View.cpp"文件,编写该函数的具体代码:

```
void Screen1View::PLAY_WAV_FILE_FROM_SD(uint8_t file_no)
{
  BSP_AUDIO_OUT_Stop(1);//停止当前播放
  HAL_TIM_Base_Stop_IT(&htim2);//关闭定时器2中断
  HAL_TIM_Base_Stop(&htim2);//关闭定时器2
  fileSizeAlreadyRead = 0;//已读取文件长度置为0
  AudioCurrentTime = 0;//已播放时间置为0
  READ_WAV_FILE_FROM_SD(file_no);//搜索并读取第file_no个WAV格式文件
  BSP_AUDIO_OUT_Init(OUTPUT_DEVICE_BOTH, uwVolume, AudioFre/2);
          //初始化音频播放芯片
  AUDIO_Play_Start((uint32_t *)uwInternalBuffer, (uint32_t)uwWavlen);
                                        //开始播放
  HAL_TIM_Base_Start_IT(&htim2);//开启定时器2中断
  HAL_TIM_Base_Start(&htim2);//开启定时器,定时将SD卡数据传到播放缓存区
  Unicode::strncpy(textPlayingBuffer, pDirectoryFiles[corruntPlayingFileNo],
20);
  textPlaying.invalidate();//更新显示当前播放的文件名
  Unicode::snprintf(textFileNOBuffer,10,"%d",ubNumberOfFiles);
  textFileNO.invalidate();//更新显示搜索到的WAV格式文件数目
  Unicode::snprintf(textFileSizeBuffer,10,"%d",uwWavlen/1024);
  textFileSize.invalidate();//更新显示当前播放的WAV格式文件的大小(KB)
  Unicode::snprintf(textAudioFreqBuffer,10,"%d",AudioFre);
  textAudioFreq.invalidate();//更新显示当前播放的WAV格式文件的采样频率
}
```

12.5.2　完善"上一首""下一首"按键的消息响应函数

在 Screen1View.cpp 文件添加消息响应函数,实现播放文件的切换,代码如下:

```
void Screen1View::funcPreSong()
{
```

```
    if(corruntPlayingFileNo>0)
    {
        corruntPlayingFileNo--;
        PLAY_WAV_FILE_FROM_SD(corruntPlayingFileNo);
    }
}
void Screen1View::funcNextSong()
{
    if(corruntPlayingFileNo<ubNumberOfFiles-1)
    {
        corruntPlayingFileNo++;
        PLAY_WAV_FILE_FROM_SD(corruntPlayingFileNo);
    }
}
```

简化在第 11 章设计的屏幕初始化函数，在开机程序初始化后默认播放第一首歌，程序如下：

```
void Screen1View::setupScreen()
{
    Screen1ViewBase::setupScreen();//屏幕的初始化函数
    BSP_AUDIO_OUT_Init(OUTPUT_DEVICE_BOTH, uwVolume, AudioFre/2);
                                                //初始化音频播放芯片
    PLAY_WAV_FILE_FROM_SD(corruntPlayingFileNo);     //播放第一首歌
}
```

12.5.3 显示音频文件播放进度

首先在"Screen1View. hpp"里面添加屏幕定时刷新函数的声明语句

```
virtual void handleTickEvent();
```

表示该函数作为 Screen1View 类的公有成员函数。然后在"Screen1View. cpp"文件添加该函数的内容，使用文本显示框和 gauge 仪表指示器定期刷新显示播放进度，并判断播放完成与否的标志位。如果播放完成一首歌，顺序播放下一首歌，所有歌曲都播放完成之后，从第一首循环播放。具体代码如下：

```
void Screen1View::handleTickEvent()
{   count++;
    if((count%20)==0)//定期刷新
    {
//双通道*2,采样频率是16位数据,两个字节再乘2,每秒合计播放AudioFre*4 B
```

```
Unicode::snprintf(textTotalTimeBuffer1, 10, "%d",(uwWavlen/(4 * AudioFre))/60);
        //总时间的分钟
 Unicode::snprintf(textTotalTimeBuffer2, 10, "%d",(uwWavlen/(4 * Audio-
Fre))%60);
        //总时间的秒钟
textTotalTime.invalidate();//更新显示当前播放的音频文件总时间
Unicode::snprintf(textAlreadyPlayTimeBuffer1, 10, "%d",(uint32_t)AudioCur-
rentTime/60);
 Unicode::snprintf(textAlreadyPlayTimeBuffer2, 10, "%d",(uint32_t)AudioCur-
rentTime%60);
textAlreadyPlayTime.invalidate();//更新显示当前音频文件已经播放的时间
gauge.setValue((uint8_t)(AudioCurrentTime * 100/(uwWavlen/(4 * AudioFre))));
        //更新播放进度的 gauge 仪表指示器
Unicode::snprintf(textFileSizeAlreadyReadBuffer, 10, "%d",fileSizeAlready-
Read/1024);
textFileSizeAlreadyRead.invalidate();//更新显示已读取的文件大小
if(playOneSongOverFlag==1)//如果当前歌曲播放完成了
 {
    playOneSongOverFlag=0;//播放完成与否标志位置零
    if(corruntPlayingFileNo<(ubNumberOfFiles-1))//如果不是最后一首歌播放完
    {
    corruntPlayingFileNo++;
    PLAY_WAV_FILE_FROM_SD(corruntPlayingFileNo);//顺序播放下一首歌曲
    }
    else//如果最后一首歌播放完了
    {
    corruntPlayingFileNo=0;
    PLAY_WAV_FILE_FROM_SD(corruntPlayingFileNo);//从头播放第一首歌
    }
 }
}
}
```

12.5.4　下载程序,查看效果

将程序编译,使用 ST-Link 下载,在 SD 卡的"/Media"文件夹复制几首 WAV 格式的歌曲,注意文件暂时不支持中文名,将 SD 卡插入开发板的卡槽,上电。程序效果如图 12 - 8 所示。

程序除了有上一章的"播放""暂停""静音""音量调节"等功能之外,还可以显示当前播放

205

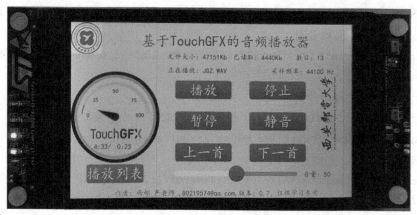

图 12-8　无播放列表的音频播放器程序效果图

的文件名、文件长度、采样频率、总播放时间、"/Media"文件夹搜索到的 WAV 格式文件数目，仪表指示盘显示当前播放进度，还有"上一首""下一首"歌曲切换按键。上电后默认播放第一首歌曲，播放完成后，顺序播放下一首歌曲，整个文件夹播放一遍后，从头循环播放。

12.6　设计音频文件播放列表

本节将在上一节程序的基础上，增加显示播放列表功能，显示当前文件夹所有的 WAV 格式文件名，点击任意文件名即可播放该文件。我们使用滚动菜单控件"scrollList"来实现显示播放列表功能。该控件的详细用法，可以查看在线说明文档，也可以参考软件自带的"Scroll Wheel and List Example"。

12.6.1　添加滚动菜单

使用 TouchGFX 4.18.1 打开上一节程序，添加一个"Scroll List"控件，并移动到合适的位置，如图 12-9 所示。

12.6.2　添加"scrollList"控件的菜单内容

前面已经添加了一个滚动菜单，初始化设置含有 25 个菜单条目。现在来设计每个菜单条目的样式。

（1）在"Containers"界面增加一个容器，命名为"playListContainer"，并修改其大小，如图 12-10 所示。

（2）设计该容器，添加背景图片"imagebg"、音乐文件图标"imageMusic"，以及显示播放文件名的文本显示框"texPlaylist"，如图 12-11 所示。

所需的背景图片和音乐文件图标，需要提前复制到"images"文件夹。添加的文本显示框，将用来显示音频文件名，设计为能显示文本变量的"<text>"，由于文件名可能比较长，为了

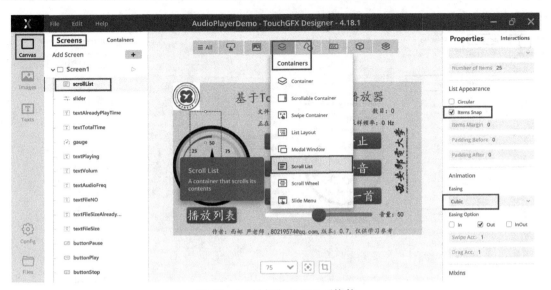

图 12-9　添加"scrollList"控件

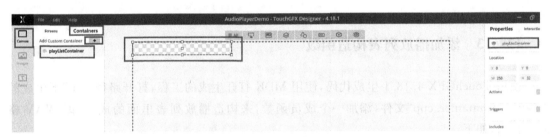

图 12-10　添加"scrollList"控件的条目容器

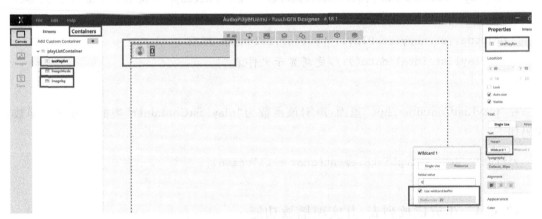

图 12-11　设计"scrollList"控件的播放列表条目容器

充分显示,需要在"<text>"后多加几个空格(取决于文件名长度),并将缓存区设置为 20 个字节。

(3)重新修改"scrollList"控件属性。

回到"Screens"编辑界面,修改"scrollList"属性,设置滚动菜单里面的条目为前面设计的"playListContainer",并设置该滚动菜单默认为显示,如图 12-12 所示。

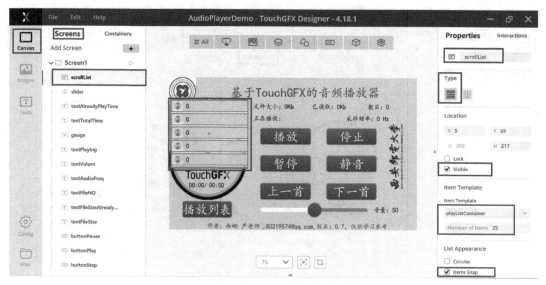

图 12 - 12　修改"scrollList"控件属性

12.6.3　添加播放列表构造函数

使用 TouchGFX 4.18.1 生成代码,使用 MDK 打开生成的工程,打开路径"gui"下生成的"playListContainer.cpp"文件,添加一个成员函数,来构造播放列表里面的成员,即 WAV 格式文件名,如下:

```
void playListContainer::setupListElement(const Bitmap& iconBMP, char * filename)
{
    Unicode::strncpy(texPlaylistBuffer,filename,20);
    texPlaylist.invalidate();//更新显示文件名
}
```

在"playListContainer.hpp"里面,声明该函数为"playListContainer"类的公有成员函数,代码如下:

```
virtual  void setupListElement(char * filename);
```

12.6.4　生成播放列表,并实现播放功能

(1)打开"Screen1View.cpp"文件,首先修改"Screen1View()"的构造函数,加入选中滚动菜单条目的回调函数声明,代码如下:

```
Screen1View::Screen1View():
scrollListItemSelectedCallback(this, &Screen1View::scrollListItemSelectedHandler)//选中滚动菜单的条目后的回调函数
```

```
    {
    }
```

(2)在屏幕初始化函数"setupScreen()"设置条目选中后的回调函数,并加入显示播放列表的代码:

```
void Screen1View::setupScreen()
{
    Screen1ViewBase::setupScreen();//屏幕的初始化函数
    BSP_AUDIO_OUT_Init(OUTPUT_DEVICE_BOTH, uwVolume, AudioFre/2);
                                        //初始化音频播放芯片
    PLAY_WAV_FILE_FROM_SD(corruntPlayingFileNo);//播放第一首歌
    scrollList.setItemSelectedCallback(scrollListItemSelectedCallback);
                                //设置滚动菜单条目选中后的回调函数
    for (int i = 0; i <ubNumberOfFiles; i++)
    {
        scrollList.itemChanged(i);//调用后面的 scrollListUpdateItem()函数来更新显
                    //示滚动菜单的条目内容,即显示播放列表里面的 WAV
                    //格式文件名
    }
}
```

(3)调用"setupListElement()"函数,更新显示播放列表 WAV 格式文件名,代码如下:

```
void Screen1View::scrollListUpdateItem(playListContainer& item, int16_t ite-
mIndex)
{
    item.setupListElement(pDirectoryFiles[itemIndex]);
                            //更新显示滚动菜单条目对应的音频文件名
}
```

(4)滚动菜单条目被选中之后,播放对应 WAV 格式文件的回调函数,代码如下:

```
void Screen1View::scrollListItemSelectedHandler(int16_t itemSelected)
{   corruntPlayingFileNo = itemSelected;
//选中滚动菜单栏的条目后,播放选中的 WAV 格式文件
    PLAY_WAV_FILE_FROM_SD(corruntPlayingFileNo);
}
```

(5)添加"播放列表"按键的消息响应函数,显示或隐藏播放列表,代码如下:

```
void Screen1View::functionPlaylist()
{
    if(showPlayListFlag == 0)
```

```
    {
      scrollList.setTouchable(true);//显示播放列表
      scrollList.setVisible(true);//菜单区域可触摸滚动
      showPlayListFlag = 1;//标志位置 1,表示状态为显示播放列表
      scrollList.invalidate();//更新显示滚动菜单
    }
    else
    {
      scrollList.setVisible(false);//隐藏播放列表
      scrollList.setTouchable(false);//区域不可触摸
      showPlayListFlag = 0;//标志位置零,表示状态为隐藏
      scrollList.invalidate();//更新显示滚动菜单
    }
  }
```

(6)打开"Screen1View.hpp"文件,添加所需要的成员函数的声明,并包含"playListCon-tainer"的头文件,如图 12－13 所示。

图 12－13　Screen1View.hpp 文件修改

"Scroll List"控件详细用法,可以查看在线说明文档,也可以参考软件自带的"Scroll Wheel and List Example"。

12.6.5　下载程序,查看播放列表效果

编译程序,使用 ST-Link 下载,程序效果如图 12－14 所示。

程序增加了播放列表的显示功能,通过触摸屏可以上下滚动显示当前文件夹所有 WAV 格式文件,点击文件名可以播放相应的 WAV 格式文件。默认为显示状态,点击"播放列表"按键,可以显示或隐藏播放列表。

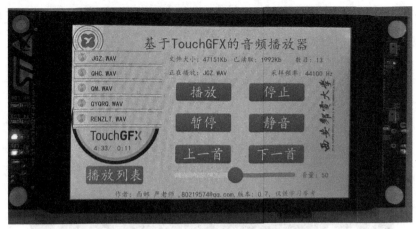

图 12-14　增加播放列表后的程序效果

12.7　本章作业

(1)画出本例程中,从单片机 SD 卡读取音频数据,存放到缓存区,再从缓存区通过 DMA 方式将音频传输到音频 DAC 的流程图。了解程序是怎样通过"传输完成"和"传输完一半"两个标志位,来解决缓存区读和写速度不一致问题的。

(2)在现有程序的基础上,增加一个滚动条控件调节播放进度。

(3)学习 TouchGFX 4.18.1 中的"Listlayout Example",在现有程序的基础上为播放列表里每一个条目,增加一个删除按键,点击该按键之后可以删除播放列表中的对应条目。

(4)学习 TouchGFX 4.18.1 中的"RadioButton Example",为当前程序增加可设置顺序播放、随机播放、单曲循环的功能。

(5)学习 TouchGFX 4.18.1 中的"Scroll Wheel and List Example",用"Scroll Wheel"控件来实现播放列表显示。

(6)学习 STM32F4 固件包中"Audio_playback_and_record"和"BSP"例程,为当前程序增加录音机功能,可通过麦克风对音频信号进行采样,生成 WAV 格式文件存储在 SD 卡。录音机功能可通过增加一个"Screen"来实现。

(7)修改本程序,播放存储在 SD 卡中的 MP3 格式文件。

(8)学习 TouchGFX 4.18.1 中的"Video Example",参考 STM32F4 固件包中"Demonstrations"例程,为当前程序增加 AVI 格式视频播放功能。

(9)学习 STM32F4 固件包中"Audio_playback_and_record"和"BSP"例程,将当前程序修改为从 U 盘读取 WAV 格式文件进行播放。

(10)修改当前例程,使用 FreeRTOS,通过增加一个线程实现音频播放功能(替代例程中的定时器 2 的中断)。

(11)当前例程不支持中文文件名,修改该例程,实现中文音频文件名的正确显示,并支持最长 20 个字节的文件名。

(12)参考 STM32F4 固件包中"Demonstrations"例程,修改音频播放器,做到简洁美观,如

图 12-15～图 12-17 所示,能浏览搜索 SD 卡的目录,播放不同文件夹下的 WAV 格式文件。

图 12-15　简洁版播放器界面参考

图 12-16　简洁版播放列表界面参考

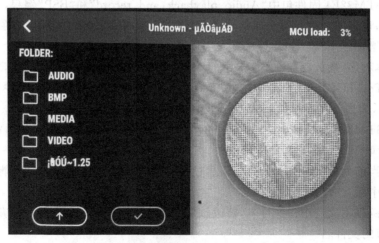

图 12-17　浏览 SD 卡文件界面参考